大学4年間の統計学が10時間でざっと学べる

東京大学
教養学部教授 倉田博史

はじめに

　私の勤務する東京大学教養学部では、毎年春学期に「基礎統計」という統計学の入門講義が１、２年生向けに文理共通で開講されています。必修科目ではありませんので受講しなくても進級には差し支えないのですが、非常に多くの学生が受講し、例年1500人程度、その大半が１年生です。秋学期や２年次にも履修できるのですが、かなりの学生が１年次の春学期に選択します。少ない教員でこれらの数の学生に対応するのは大変で、現在は５クラス開講し、１クラス当たりの受講者数を抑えています。

　こう書くと統計学が人気の学問であるかのようですが（もちろんそういう一面もありますが）、受講者は学問としての面白さよりも、専門課程に進学した後、自分の専門分野をより効率的に学ぶための下準備として、データ解析の技法をできるだけ早い段階で身につけたいという動機から受講しているようです。これは大変もっともであると同時に、統計学の社会における位置付けをよく表しています。つまり、意思決定の技術的基礎としての統計学です。この本を手に取られた方々の中にも、ご自身の専門とする学問やビジネスの分野で、データを分析したり、過去の資料に基づいて何らかの判断をしたりすることを求められ、その根拠を与えるものとして統計学を必要とされている方が多くいらっしゃると思います。本書は、そのような方々に、通勤や休憩などの隙間時間を利用して大学に「瞬間国内留学」をしていただき、統計学の講義を受講していただこうとするものです。

　本書のタイトルに「大学４年間の」という言葉があるとおり、本書で提供する統計学の知識は大学における入門的講義に近いものです。ですから、基本的に高校卒業程度の知識で読み通せます。１〜15章までと20章の１、２節が教養課程の講義、16〜19章と20章の３〜５節は専門課程の１年目くらいで学ぶトピックです。

16〜19章はどの順番でお読みいただいても結構です。ただ読み通していただくことよりも、ご自身の知識が本書によりアップデートされ、仕事の現場で、以前よりも客観的に数値を解釈できるようになることのほうが大切と考えています。

　読者の中には統計学を初めて学ばれる方や、数学は不得手という方も多くいらっしゃると思います。初めて学ばれる方は、ぜひ、5章の「標準化」という概念を第一の到達目標になさってください。この概念を知ると知らないとでは、データの見方が大きく違います。この概念を知るためには「平均」と「分散」、「標準偏差」の3つがわかれば十分です。この3つを確実に押さえ、標準化を理解する、これを意識してお読みいただければと思います。

　また、数学が不得手な方は、数式を言葉に置き換えず、数式のまま頭に入れておくことをお勧めします。本書は数式を用いますが、数式の展開はほとんどしていませんので、数理がわからないから議論についてこられなくなるということはありません。しかし、重要概念の多くが数学の言葉で書かれているのは確かです。前出の「平均」も「分散」も数式で定義されます。これらをいちいち「つまりその意味は…」などと言葉に置き換えて読んでいけば、翻訳作業だけで頭がいっぱいになってしまいますし、登場する概念が増えるにしたがってそれらの関係があいまいになってしまいます。言葉に翻訳せず、数式を数式のまま格納する場所を頭の中に作り、しばらくそこに置いておいてください。そうしているうちにそれらの概念が定着してきます。

　それでは、「講義室」でお待ちしていますので、ご都合のよいときにお越しください。

東京大学教養学部教授
倉田博史

『大学4年間の統計学が10時間でざっと学べる』目次

はじめに —— 2

第1部
統計学への誘い

01 統計学への誘い

▶01 データ解析の目的 —— 14

▶02 統計学の役割：概念の計量化 —— 16

▶03 統計学の役割：予測 —— 18

▶04 統計学の役割：仮説の検証と分類 —— 20

▶05 統計学の一般性 —— 22

第2部
データを読む

02 データについての基礎知識

▶01 データの次元 —— 26

▶02 量的データと質的データ —— 28

▶03 データの尺度水準 —— 30

▶04 横断面データと時系列データ —— 32

▶05 データの打ち切りと切断 —— 34

[03] 図表やグラフによるデータの整理

- ▶01 度数分布表 —— 36
- ▶02 ヒストグラム —— 38
- ▶03 5数要約と箱ひげ図 —— 40
- ▶04 時系列グラフ —— 42
- ▶05 相関と散布図 —— 44

[04] データの中心の指標

- ▶01 平均 —— 46
- ▶02 メディアン —— 48
- ▶03 モード（最頻値）—— 50
- ▶04 加重平均 —— 52
- ▶05 平均の計算について —— 54

[05] データ分布の散らばりの指標

- ▶01 平均偏差 —— 56
- ▶02 分散 —— 58
- ▶03 標準偏差 —— 60
- ▶04 標準化（1）—— 62
- ▶05 標準化（2）—— 64

[06] 相関と回帰

- ▶01 共分散 —— 66
- ▶02 共分散のしくみと相関係数 —— 68
- ▶03 相関係数のしくみ —— 70

▶04 回帰直線 ── 72

▶05 関連係数 ── 74

第3部
データ発生の
メカニズムを描く

07 母集団と標本

▶01 データ解析の目的 ── 78

▶02 母集団と標本 ── 80

▶03 無作為抽出 ── 82

▶04 確率モデル ── 84

▶05 コイン投げ ── 86

08 確率

▶01 確率 ── 88

▶02 条件付き確率 ── 90

▶03 全確率の公式とベイズの定理（1）── 92

▶04 全確率の公式とベイズの定理（2）── 94

▶05 事象の独立性 ── 96

09 母集団を記述する確率分布

- ▶01 確率分布と確率変数 —— 98
- ▶02 データとは？ —— 100
- ▶03 確率分布の平均 —— 102
- ▶04 確率分布の分散 —— 104
- ▶05 期待値 —— 106

10 離散型確率分布

- ▶01 コイン投げとベルヌーイ試行 —— 108
- ▶02 2項分布（1）—— 110
- ▶03 2項分布（2）—— 112
- ▶04 ポアソン分布 —— 114
- ▶05 幾何分布 —— 116

11 連続型確率分布

- ▶01 連続型確率変数 —— 118
- ▶02 確率密度関数 —— 120
- ▶03 一様分布 —— 122
- ▶04 正規分布（1）—— 124
- ▶05 正規分布（2）—— 126

第4部
データに基づいて
判断する

[12] 無作為標本

▶ 01 確率変数の独立性 —— 130

▶ 02 無作為標本の定義 —— 132

▶ 03 標本平均と標本分散 —— 134

▶ 04 不偏性 —— 136

▶ 05 標本平均の分布 —— 138

[13] 推定 1

▶ 01 点推定と区間推定 —— 140

▶ 02 母平均の区間推定（母分散が既知のとき）—— 142

▶ 03 母平均の区間推定（母分散が未知のとき）(1) —— 144

▶ 04 母平均の区間推定（母分散が未知のとき）(2) —— 146

▶ 05 簡単な数値例 —— 148

[14] 推定 2

▶ 01 大数の法則 —— 150

▶ 02 母比率の推定：ベルヌーイ分布からの無作為標本 —— 152

▶ 03 母比率の推定：点推定と信頼区間 —— 154

▶ 04 数値例 —— 156

▶ 05 最尤法 —— 158

15 統計的仮説検定

- ▶01 帰無仮説と対立仮説 —— 160
- ▶02 検定方式 —— 162
- ▶03 有意水準 —— 164
- ▶04 t検定 —— 166
- ▶05 母比率の検定 —— 168

16 2つのグループの比較

- ▶01 処置群と対照群 —— 170
- ▶02 2標本t検定 —— 172
- ▶03 対応のあるデータ —— 174
- ▶04 ウィルコクソンの検定 —— 176
- ▶05 因果推論 —— 178

17 質的データの分析

- ▶01 2元分割表 —— 180
- ▶02 独立性の検定（1）—— 182
- ▶03 独立性の検定（2）—— 184
- ▶04 割合の同等性の検定 —— 186
- ▶05 カイ2乗分布 —— 188

18 回帰分析

- ▶01 回帰モデル —— 190
- ▶02 回帰モデルの推定と検定 —— 192
- ▶03 重回帰モデル —— 194

▶ 04 決定係数 —— 196

▶ 05 ダミー変数 —— 198

19 時系列解析

▶ 01 分散と共分散 —— 200

▶ 02 定常性 —— 202

▶ 03 AR モデル —— 204

▶ 04 ARMA モデル —— 206

▶ 05 ARCH モデル —— 208

20 補足

▶ 01 無相関と独立の関係について —— 210

▶ 02 確率変数の和の平均と分散について —— 212

▶ 03 格差の計測：ローレンツ曲線 —— 214

▶ 04 格差の計測：ジニ係数 —— 216

▶ 05 検定の補足 —— 218

おわりに —— 220

参考文献 —— 221

第 1 部

10 hour ⊘

Statistics

統計学への誘い

第1部のねらい

本書の構成は、大学における統計学の講義とほぼ同様です。はじめにデータの整理・要約の方法を学び、平均や分散、標準偏差といった基本的な統計量を押さえます（第2部）。続いて、データの発生メカニズムすなわち母集団を確率分布という概念を用いてモデル化します（第3部）。代表的な確率分布である2項分布や正規分布がここで登場します。最後に、データから母集団について推測する方法を学び、推定や検定の考え方や応用に触れます。これらを一通り学んだ後は、回帰分析や時系列解析などのより応用的な手法を学びます（第4部）。第1部では、その前段階として統計学の役割やそれを学ぶことのメリットについてお話ししたいと思います。

10 hour	**1**
Statistics	

▶ 01

統計学への
誘い

データ解析
の目的

　実験や調査などを行う際、計測や観測の対象となる人や、ものの集まりを**母集団**と言い、母集団に含まれる要素を**個体**と呼びます。また、母集団のすべての個体を対象とする調査を**全数調査**と言い、その代表例として国勢調査があります。全数調査を実施するには金銭的・時間的コストが高くつきますので、多くの場合は母集団の一部を抽出して行う調査、すなわち**標本調査**が選択されます。標本調査で抽出された個体の集まりを**標本**と言い、標本に含まれる個体の数を**標本の大きさ**あるいは**標本サイズ**と言います。

　たとえば、内閣府による「国民生活に関する世論調査」では、18歳以上の日本人の中から無作為に1万人を選び、現在の生活に対する満足度や今後の生活の見通し、働く目的をどのように考えるかなど、生活や家族、社会に対する意識のありようを調べています。ここで関心の対象となるのは、標本として選ばれた1万人の回答そのものではなく、母集団である日本人全体の意識の分布です。標本はそれを知る上での情報を提供する役割を担っています。

　データ解析とは標本の情報を利用して母集団の未知の性質について何らかの結論を導くことであり、統計学はその方法的基礎を提供する学問です。実際、たとえば平成28年の「国民生活に関する世論調査」では、「全体として現在の生活にどの程度満足しているか」という問いに対する結果は、

　　満足10.7%　まあ満足59.4%　やや不満22.6%　不満5.9%

となっていますが、私たちはこの結果から生活満足度に対する日本人全体の回答の分布を推定することができます。その理論的基礎が統計学によって与えられているのです。

14

図表でわかる！ポイント

統計学における計測の対象と調査の方法

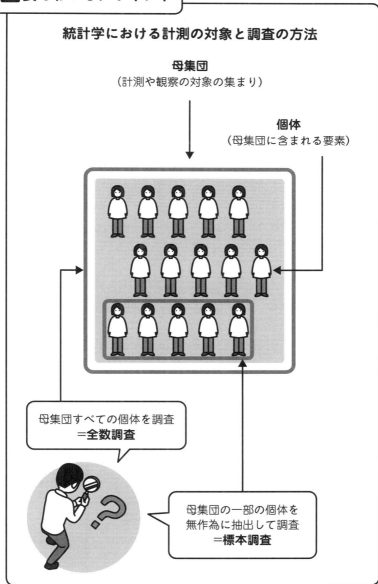

10 hour	**1**
Statistics	
統計学への誘い	

▶ 02

統計学の役割：
概念の計量化

　統計学が社会で果たす役割は様々です。社会人の方々にとって重要、あるいは身近なものと言えば、(i) **概念の計量化**、(ii) **予測**、(iii) **仮説の検証**、(iv) **分類**の４つではないでしょうか。統計学の手続きを踏めば、これらを客観性をもって行うことができ、分析結果を他者と共有することができます。ここでは上記の４つをそれぞれ解説し、次章以降の準備とします。

　まず **(i) 概念の計量化**。私たちはデータを読む際、たとえばGNPや日経平均、知能指数などの数値を読む際、それらの背後に一般的な概念を想定し、データはその代理と捉えていることがほとんどではないでしょうか。つまり、「経済活動の規模」「株式市場における売りと買いの規模」や「知的能力」などが真の関心の対象としてあって、それらを数値で表現したものとしてGNPや日経平均、知能指数などのデータがあるということです。このようにデータには概念を数値によって表現する働き、すなわち**概念の計量化**の働きがあります。データは数値で与えられるため客観性があります。GNPも日経平均も数値情報としての解釈は一意です。

　ただし、数値そのものは客観的ですが、**データと概念との対応は必ずしも一意ではなく、分析者の見方や主観に依存します**。たとえば、野球選手の「打率（データ）」と「打者としての強さ（概念）」は必ずしも完全に対応するものではありません。強さには打率だけでは表せない側面があるからです。他の例として、「知能指数（データ）」と「知的能力（概念）」もやはり完全な対応とは言えません。分析者が知的能力のどういう側面に関心を持っているかによって、それを計量化するデータは異なりますし、精度も変わります。

16

図表でわかる！ポイント

統計学の役割　その1

概念の計量化

経済活動の規模 （概念）	人間の知的能力 （概念）

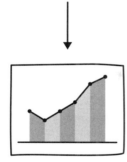

GNP
（数値）

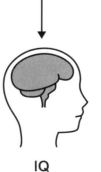

IQ
（数値）

概念をGNPや知能指数といった客観的な数値で表現する

10 hour	**1**
Statistics	

統計学への
誘い

▶ 03

統計学の役割：
予測

　前項から続き、**(ii) 予測**。ビジネスでは、未確定の数値を事前に**予測**することが必要となることがあります。その際、統計学的根拠を持った予測を行うことができれば、予測値が何を前提に得られたものであり、精度がどれほどかについて事前に明らかにできます。

　予測に用いられる統計手法の代表例は**回帰分析**（18章）と**時系列解析**（19章）です。ここでは簡単な数値例を用いて、回帰分析による予測の例をざっと紹介します。詳しくは6章4節や18章をご覧ください。たとえば、年齢と血圧、家計可処分所得と家計消費支出、日最高気温と清涼飲料水の売上などは、**前者の値が大きくなれば総じて後者の値も大きくなるという関係**を持つと言えそうです。回帰分析は、このような関係を直線で記述する統計手法です。

　例として、右頁の表のデータを考えます。これを平面にプロットしたものが図1（**散布図**と言います、3章5節参照）です。散布図を見るとxの値が大きいとき総じてyの値も大きく、さらに両者に直線に近い関係があることがうかがえます。回帰分析によって、このデータに直線を当てはめますと、

　　　$y = 5.0 + 3.7x$

なる直線が得られます。これを散布図に挿入したものが図2です。この直線はxとyというデータを直線の形で要約したものです。気温から売上高を予測する、各年齢の平均的な血圧の値を求める、家計可処分所得から家計消費支出を予測する、などというように、xの値からyの値を予測したり推定したりすることもできます。たとえば、xの値が10であることがわかったとしますと、直線に代入することにより、yの値は$5.0 + 3.7 \times 10 = 42$と予測されます。

図表でわかる！ポイント

表 統計データ		
番号	x	y
1	1	7.4
2	1	9.8
3	2	14.0
4	4	19.2
5	4	18.5
6	6	27.5
7	7	28.8
8	7	28.2
9	8	35.0
10	8	37.0

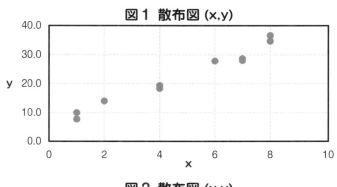

図1 散布図 (x,y)

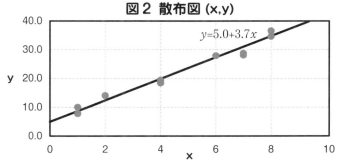

図2 散布図 (x,y)

$y = 5.0 + 3.7x$

10 hour	**1**
Statistics	

統計学への
誘い

▶ 04

統計学の役割：
仮説の検証と分類

　続いて **(iii) 仮説の検証**。ある工場で作られる製品の寿命は平均1500時間、標準偏差120時間であるとします。その製品の製造法が変更されたとし、それが寿命に影響を及ぼしたか否かを知りたいとします。変更後の製品の平均寿命を調べるため、16個を無作為に選び、それらの寿命を測定したところ、測定値の平均は1590時間でした。従来に比べて90時間伸びています：

　　1590（新製法）－1500（従来）＝90時間

　この差は**意味のある差（有意差）**でしょうか。つまり90時間の差は寿命が変化したことの証拠になるでしょうか。16個しか調べていませんので、たまたま出た結果かもしれません。

　この問題は15章1節で解説する**統計的仮説検定**の枠組みを使って解くことができます。統計的仮説検定は、母集団に関して2つの仮説があるとき（この例では「寿命は従来のままである」と「寿命は変化した」の2つです）、データに基づいて**一方の仮説を選択**するという統計手法です。この手法は経済や医学、ビジネスなど様々な場面で応用されています。

　最後に **(iv) 分類**。ある旅行会社では商品として提供する団体旅行の行き先として、アメリカ西海岸、東海岸、ケアンズ、ロンドン、香港、北京を用意しているとします。たとえば、西海岸のツアーがすでに満席で、西海岸を希望する客に別の旅行先を提案しなければならないとすれば、どこが最適でしょうか。やはり西海岸と最も類似した行き先を提案すべきでしょう。これは商品の**類似度**あるいは**分類**の問題と見ることができます。理論が高度なため本書では扱いませんが、統計手法の中には**分類的手法**が数多くあります。

図表でわかる！ポイント

1 統計学への誘い

統計学の役割　その2

(iii) 仮説の検証　　　(iv) 分類

↓　　　　　　　　↓

2つの仮説があるとき、
データに基づき一方の
仮説を選択

データを属性ごと
に分類する

社会人にとって身近な統計学の役割は、(i)概念の
計量化、(ii)予測、(iii)仮説の検証、(iv)分類の4つで
ある

10 hour	**1**
Statistics	

統計学への
誘い

▶ 05

統計学の一般性

　さて、これから19章にわたって大学で講義される統計学の概要を社会人の方々向けに若干改訂しながらお話しすることになります。

　統計学は様々な実務の現場で応用されていますので、他の学問に比べると具体的、実際的な要素が多く、その意味では取っつきやすいと言えます。しかし、理論の根幹部分は数学の言葉で書かれていますので、これを理解することが必須条件となります。**本書では数式を用いることはありますが、数式を展開することはほとんどありませんので、数理でつまずくということはありません。**しかし、平均や分散、独立性などといった主要概念のほとんどは数式で表現されていますので、それらの意味は押さえていく必要があります。論理の積み重ねもありますし、定理の形で述べられる事柄もあります。数学で作られた階段を昇ることが求められるのです。次章でデータの定義と分類を学び、これを出発点として、**記述統計**（2〜6章）、**確率分布**（7〜11章）、**推測統計**（12〜15章）と、この階段は続きます。第15章の階を越えれば主要部は押さえたと言えるでしょう。

　さて、統計学の主要部が数学の言葉で書かれていることは、実は学ぶ者にとってはメリットと言えます。なぜなら、数学はいわば諸学問の共通言語ですから、数学の論理を用いることでデータ解析の論理に一般性や汎用性がもたらされるからです。つまり、皆さんの専門分野が経済であってもマーケティングであっても、あるいは医療、生物、品質管理であっても、そこで用いられるデータ解析の論理は共通です。専門分野に関係なく学びかつ応用できる。この**統計学の一般性**は数学によってもたらされているのです。

図表でわかる！ポイント

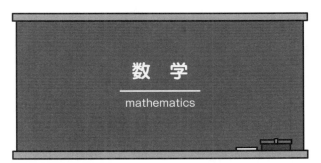

統計学は「諸学問の共通言語」たる数学の言葉で書かれているため、あらゆる学問に応用できるのです

第 2 部

10 hour ⊘

Statistics

データを読む

第2部のねらい

データが目の前にあるとき、第一にすることはデータを読むということです。しかし、データは数値情報ですので、文字情報のようにはじめから順に読めばわかるというものではありません。「データの読み方」を身につけることが必要となります。それは次の2つのステップからなります。1つは図や表、グラフを利用してデータのおおまかな様子や特徴を把握すること。度数分布表やヒストグラム、散布図などがその役割を果たします。次に、データを数値によって要約し、より詳細な情報を得ること。平均、分散、標準偏差などの統計量を用いて、データ分布の中心や散らばりについて調べます。第2部ではデータを読むための知識を整理しています。

10 hour	**2**
Statistics	

▶ 01

データの次元

データ に
ついて の
基礎知識

データには様々な種類があり、それぞれに適した読み方や分析方法があります。本章ではその基本事項を解説し、後の議論に備えます。

10人の小1児童を無作為に選んで身長を測定したところ、

111.6cm　122.5cm　123.9cm　109.2cm　115.9cm

128.3cm　115.3cm　111.4cm　121.7cm　118.6cm

なる値が得られたとします。このような測定値の集まりを**データ**と呼びます。計測対象となっている属性（この例では身長）を**変量**または**変数**と言います。上記のデータは身長という1つの変量のみが計測されていますので**1変量データ**あるいは**1次元データ**と言います。

他方、その10人につき身長と体重の2つの変量について測定し、

$(111.6cm, 20.1kg)$ $(122.5cm, 24.3kg)$ $(123.9cm, 22.7kg)$

$(109.2cm, 15.3kg)$ $(115.9cm, 21.8kg)$ $(128.3cm, 23.2kg)$

$(115.3cm, 19.1kg)$ $(111.4cm, 12.8 kg)$ $(121.7cm, 19.7 kg)$

$(118.6cm, 16.2 kg)$

が得られたとすれば、これは**2変量データ**または**2次元データ**と呼ばれます。**1変量データは一般に、**

$$x_1, x_2, \cdots, x_n$$

と書くことができます。ここで n はデータ数（標本の大きさ）です。**また2変量データは一般に、**

$$(x_1, y_1), (x_2, y_2), \cdots, (x_n, y_n)$$

と表すことができます。もちろん、2変量データの一方の変量のみに注目すれば1変量データです。

26

図表でわかる！ポイント

統計情報の呼び方
ex:無作為に選んだ10人の身体情報

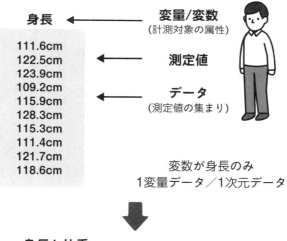

身長

変量/変数
(計測対象の属性)

111.6cm
122.5cm
123.9cm
109.2cm　← **測定値**
115.9cm
128.3cm　← **データ**
115.3cm　　(測定値の集まり)
111.4cm
121.7cm
118.6cm

変数が身長のみ
1変量データ／1次元データ

身長と体重

(111.6cm, 20.1kg)
(122.5cm, 24.3kg)
(123.9cm, 22.7kg)　　**体重が加わると……**
(109.2cm, 15.3kg)
(115.9cm, 21.8kg)
(128.3cm, 23.2kg)　　変数が2つなので
(115.3cm, 19.1kg)　　2変量データ／2次元データ
(111.4cm, 12.8kg)
(121.7cm, 19.7kg)
(118.6cm, 16.2kg)

3変量データ、p変量データ（pには様々な数字が入る）などといった多変量データも同様に定義される

2 データについての基礎知識

10 hour	**2**
Statistics	

▶ 02

量的データと 質的データ

デ ー タ に
つ い て の
基 礎 知 識

　観測値が数値となるような変量を**量的変量**と言います。前節の身長や体重は量的変量です。また、部品の寿命や株価、店の来客数などもそうです。量的変量について計測されたデータを**量的データ**と言います。

　量的変量は離散型と連続型に分けることができます。0，1，2,…など飛び飛びの値しか取り得ない変量やデータを**離散型**と言います。交通事故件数、病気の罹患者数など、**計数**（人数や件数、回数、個数など）を表す変量やデータは離散型です。

　他方、連続した値を取り得る変量やデータを**連続型**と言います。前節の小1児童の身長と体重のデータは連続型データの例です。一般に、長さや重さ、時間、それらの比などは連続型変量です。また、株価や為替レート、試験の得点などのように、厳密には離散型ですが最小単位が小さい（あるいは背後に連続的構造を想定できる）ために近似的に連続型として扱われる変量もあります。

　職業を問う質問に対し、「公務員」と回答したり、満足度に関する質問に対し「やや満足」と回答したりする場合のように、回答が**属性**や**項目**、**カテゴリー**の形を取ることがしばしばあります。このような変量を**質的変量**と言い、質的変量について計測されたデータを**質的データ**と言います。男性か女性か、既婚か未婚か、ある政党を支持するか否かなど、二者択一の形を取る**2値データ**もこれに該当します。2値データは、「支持＝1」、「不支持＝0」などとすれば、0と1の数値で表現することができます。その場合、データの和は「支持と回答した人の数」に等しくなります。

図表でわかる! ポイント

データの種類

観測値が数値となる変量
→量的変量

＊量的変量について計測された
データ
→量的データ

ex：株価、身長、体重、来客数

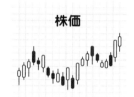

株価

観測値が属性や項目を値とする変量
→質的変量

＊質的変量で計測されたデータ
→質的データ

ex：性別、既婚／末婚、支持／不支持

性別

☐ 男性
☑ 女性

10 hour	**2**
Statistics	

**データに
ついての
基礎知識**

▶ 03

データの尺度水準

　データや変量は、それを測定する際に用いられる単位や尺度の性質によって、名義尺度、順序尺度、間隔尺度、比尺度の４つの水準（**尺度水準**）に分類することができます。

　名義尺度は分類や区分を表す変量の尺度で、性別や国籍、職種などが典型です。一方、分類や区分、カテゴリーに順序関係や大小関係のあるものは**順序尺度**と呼ばれます。たとえば、満足度（不満・やや不満・ふつう・やや満足・満足）や評定（優・良・可・不可）、要介護度などがこれに当たります。順序尺度の場合、たとえば満足度を５点満点で表現する（不満：１、やや不満：２、ふつう：３、やや満足：４、満足：５）というように、順序関係と整合的な数値で表現することがあります。しかし、「不満」と「やや不満」の差の１に意味があるわけではありません。他方、**間隔尺度**はこの差に意味のある変量の尺度のことであり、温度や西暦、テストの得点などがそれに当たります。**比尺度**は間隔だけでなく比率にも意味のある変量の尺度であり、速度や長さ、面積などが該当します。原点（絶対零）を有する点が特徴です。

　５cm は２cm の2.5倍ですが、５℃は２℃の2.5倍とは言えません。しかし、５cm と２cm の差は３cm、５℃と２℃の差は３℃で、どちらも意味を持っています。このように比尺度は間隔尺度の条件を満たします。このことを比尺度は間隔尺度より**水準が高い**と言います。４つの尺度は比尺度、間隔尺度、順序尺度、名義尺度の順で水準が高いのです。

　一般に質的変量は名義尺度と順序尺度のいずれかとなり、量的変量は間隔尺度か比尺度の水準を持ちます。

図表でわかる！ ポイント

データや変量を分類する 4つの尺度水準

尺度名	概要	例	該当する変量
名義尺度	分類や区分を表す変量の尺度	性別、国籍、職種など	質的変量
順序尺度	分類や区分に順序や大小関係がある変量の尺度	評定(優・良・可)、要介護度など	
間隔尺度	値の差に意味のある変量の尺度	温度、西暦など	量的変量
比尺度	値の差に加えて比率にも意味のある変量の尺度	速度、長さ、面積など	

比尺度は加減乗除の各演算が可能だが、間隔尺度の変数は和と差しか意味がない。順序尺度や名義尺度は形式的に和や平均を計算することはできるが、意味を持つとは限らない

10 hour	**2**
Statistics	

▶ 04

横断面データと時系列データ

データについての基礎知識

　社会・経済データは時系列データと横断面データに大別されます。**横断面データ（クロスセクションデータ）**とは、複数の個体（企業、地域・地区、被験者など）についてのある1時点での観測値からなるデータのことです。たとえば、2016年の47都道府県の県民所得のデータなどがこれに当たります。そこでは地域間の格差や経済活動の分布などが関心の対象となります。他方、**時系列データ**は1つの個体についての複数の時点の観測値からなるデータを指します。2000年から2016年までの山口県の年当たり消費支出のデータなどはその一例です。時系列データからはデータの時間的変動についての情報を得ることができます。両方を併せたデータ、つまり複数の個体についての複数の時点の観測値からなるデータも、もちろん広く利用されています。これを**パネルデータ**と言います。

　所得や支出など金額の時系列データを読んだり分析したりするときは、物価変動の影響を考慮する必要があります。なぜなら、たとえば去年と今年の消費支出の額が同一であったとしても、1年で物価が3％上昇していれば、貨幣価値は3％下落しているからです。そのため、**消費者物価指数**などの**物価指数**を用いてデータ値を調整（**実質化**）することが必要です。調整後の値を**実質値**、調整前の値を**名目値**と呼びます。物価指数は基準時点を100とし、1％の物価上昇を101と表現するように作成されていますので、

　　　　実質値＝100×名目値／物価指数

として調整します。右頁に2008年からの勤労者世帯の消費支出の時系列があります。2013年から物価が上昇傾向に転じ、実質値が下落していることがわかります。

図表でわかる！ポイント

実質化でわかるデータの変動

2010年基準

年	2008	2009	2010	2011
名目消費支出	291,498	283,685	283,401	275,999(円)
物価指数	102.1	100.7	100	99.7
実質消費支出	285,502.4	281,713.0	283,401.0	276,829.5(円)

年	2012	2013	2014	2015
名目消費支出	276,830	280,642	280,809	276,567(円)
物価指数	99.7	100	102.8	103.6
実質消費支出	277,663.0	280,642.0	273,160.5	266,956.6(円)

1ヵ月当たり、総世帯のうち勤労者世帯

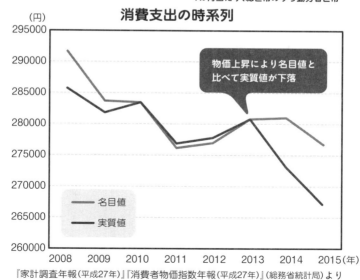

消費支出の時系列

物価上昇により名目値と比べて実質値が下落

『家計調査年報（平成27年）』『消費者物価指数年報（平成27年）』（総務省統計局）より

2 データについての基礎知識

10 hour	
Statistics	**2**

データに
ついての
基礎知識

▶ 05

データの打ち切り
と切断

　データは情報の一部が欠足したり脱落したりすることがあります。これには様々なパターンがありますが、まず知っておくべきなのは**打ち切り**と**切断**の2つです。データの**打ち切り**とは、たとえば、ある製品の寿命を調べるため、標本としてその製品をいくつか選び、故障するまでの時間を計測するという調査が行われたとします。ただし調査にかけられる時間は1000時間までという制約があったとします。この場合、調査期間内に故障した製品についてはその寿命が計測できますが、故障まで至らなかった製品については、その寿命は「1000時間以上」としかわかりません。打ち切りとはこのような形でデータの情報に欠足が生じることです。たとえば、再就職に至るまでの失業期間の長さの調査でも同じことが起こり得ます。また、世帯収入の調査で一定額（例：2000万円）以上の収入はいくらであってもすべて「2000万円以上」としか記録されない場合もデータの打ち切りに該当します。

　データの**切断**とは、たとえば、妻の収入が130万円以上の家計についての調査や、従業員数が50人以下の企業のみを対象とする調査などにおけるように、ある一定の範囲の値のみがデータとして観測されることを指します。その範囲に入らない値はデータに含まれません。実験データや検査データの場合は測定器具が検知できる範囲を外れた値は記録されないので、これも切断と言えます。

　打ち切りと切断は似ていますが、打ち切りの場合は、各測定値について打ち切られているか否かを知ることができ、打ち切られたデータの数も知ることができますが、切断の場合、範囲を外れた値はデータとして記録されていないので、その数はわかりません。

図表でわかる！ポイント

打ち切り

ex:調査期間1000時間の制限で
製品が壊れるまでの時間を調べた場合

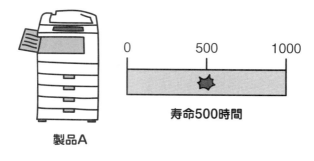

寿命500時間

製品A

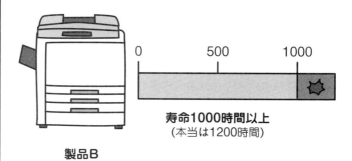

寿命1000時間以上
(本当は1200時間)

製品B

調査期間以上の寿命を持つ製品Bの寿命は1000時間以上とだけしかわからず、データは欠測となる

10 hour	**3**
Statistics	

▶ 01

度数分布表

図表やグラ
フによる
データの
整理

　データ解析の出発点は、データを効率的に整理・要約することに
よって、その特徴を抽出することです。整理・要約の方法には、(i)
図表やグラフによる方法と、(ii) 数値による方法の２通りがありま
す。図表やグラフはデータ分布の概略を把握するのに適しています。
また、数値による要約はデータを正確に理解する助けとなります。
本章では、図表やグラフによる整理・要約の方法を概説します。

　１変量データの要約法として最も基本的なものは**度数分布表**と**ヒ
ストグラム**です。表１は各都道府県の家賃のデータです。このデー
タを番号順に読んでいってもその特徴は把握できないでしょう。し
かし、表２の度数分布表を見れば様々な情報がただちに得られます。
たとえば、1200円以上1400円未満の範囲に入る道県が最も多いこと、
2000円未満となるのは全体の約83％であることなどがわかります。

　データをその値の大きさに応じていくつかの**階級**に分類し整理し
たとき、それぞれの階級に属するデータの数を**度数**と言います。階
級と度数を対応させたものを**度数分布**と言い、それを表にしたもの
を**度数分布表**と言います。度数の総和はデータ数（今は都道府県数
の47）に等しくなります。**階級値**とは各階級を代表する数値で、階
級の下限と上限のちょうど中間の値が選ばれます。また、各階級の
度数がデータ数に占める割合を**相対度数**と言います。相対度数の総
和は１となります。**累積度数**はその階級までの度数の累積値です。
最後の階級の累積度数の値はデータ数に一致します。

　度数が最大となる階級はデータ分布の中心をなす階級と考えられ
ます。その階級の階級値を**モード（最頻値）**と言います。

36

図表でわかる！ ポイント

3
図表やグラフによるデータの整理

公営賃貸住宅家賃の度数分布表

表1

都道府県	公営賃貸住宅家賃	都道府県	公営賃貸住宅家賃
北海道	1,333	滋賀県	1,725
青森県	995	京都府	2,132
岩手県	1,062	大阪府	1,954
宮城県	1,487	兵庫県	2,255
秋田県	1,120	奈良県	2,491
山形県	1,254	和歌山県	1,475
福島県	1,067	鳥取県	893
茨城県	1,136	島根県	1,014
栃木県	1,296	岡山県	859
群馬県	1,231	広島県	1,220
埼玉県	2,651	山口県	913
千葉県	2,854	徳島県	946
東京都	3,623	香川県	1,107
神奈川県	3,346	愛媛県	907
新潟県	1,274	高知県	1,015
富山県	1,082	福岡県	1,883
石川県	1,176	佐賀県	1,125
福井県	1,123	長崎県	1,276
山梨県	1,269	熊本県	1,272
長野県	1,273	大分県	1,203
岐阜県	930	宮崎県	1,012
静岡県	1,506	鹿児島県	1,278
愛知県	2,044	沖縄県	1,393
三重県	964		円(1カ月3.3㎡当たり)

表2

階級		階級値	度数	相対度数	累積度数
以上	未満				
800	1000	900	8	0.170	8
1000	1200	1100	12	0.255	20
1200	1400	1300	13	0.277	33
1400	1600	1500	3	0.064	36
1600	1800	1700	1	0.021	37
1800	2000	1900	2	0.043	39
2000	2200	2100	2	0.043	41
2200	2400	2300	1	0.021	42
2400	2600	2500	1	0.021	43
2600	2800	2700	1	0.021	44
2800	3000	2900	1	0.021	45
3000	3200	3100	0	0.000	45
3200	3400	3300	1	0.021	46
3400	3600	3500	0	0.000	46
3600	3800	3700	1	0.021	47
計			47	1.000	

『社会生活統計指標－都道府県の指標－2015』(総務省統計局)より
＊データは2013年のもの

都道府県の家賃データを見た際、表2のような度数分布表の形にすると、様々な情報を読み取れるようになる

10 hour	**3**
Statistics	

▶ 02

ヒストグラム

図表やグラフによるデータの整理

　ヒストグラムは度数分布表を柱状グラフで表現したものです。右頁の図は前節の度数分布表のヒストグラムです。横軸は階級値、縦軸は度数です（縦軸を相対度数とすることもあります）。ヒストグラムを観察することにより、データ分布の概要を視覚によって把握することができます。縦軸が相対度数のヒストグラムは11章2節で学ぶ確率密度関数に対応します。

　ヒストグラムを見る際のポイントは、(i) **峰が1つか2つ以上か**、(ii) **中心の位置**、(iii) **散らばり具合**、(iv) **形状**（特に歪み）、(v) **外れ値**の5つです。峰が1つの場合、ヒストグラムは**単峰**であると言います。この場合、峰がピークとなる柱を分布の中心と考え、そこからの散らばり具合をチェックします。しかし峰が2つ以上ある場合は、測定対象が複数の異質な集団を含む可能性があります。たとえば、ある年に死亡した人の死亡年齢の分布は、年や国によっては峰が2つ現れます。一方は老齢での死亡の峰であり、他方は乳幼児年齢での死亡の峰です。両集団は互いに異なる性質ですから、それらを合併した分布の中心に意味があるかどうかはわかりません。分析目的によってはまず分離したほうがいい場合もあるでしょう。

　右頁の図はおよそ単峰と見ることができるでしょう。峰のピークとなる階級値、すなわちモードは1300円です。およそ900円から1600円の間に全データの75%が含まれています。分布は右の裾野が長く伸びています。このような形状（少数だがかなり大きな値を持つデータがある）の分布を**右に歪んだ分布**と言います。右への歪みを示すデータは多く、所得や貯蓄などはその典型です。右に歪んだ分布の場合、平均がモードより大きな値となるため注意が必要です。

図表でわかる！ポイント

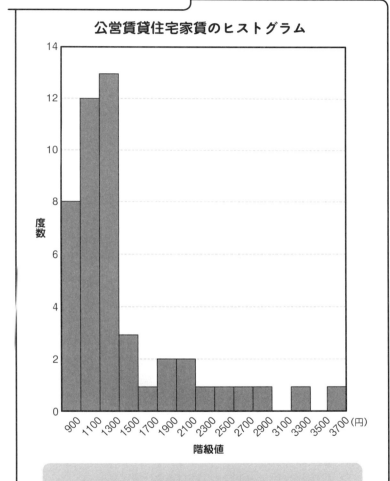

公営賃貸住宅家賃のヒストグラム

ヒストグラムとは度数分布表を柱状グラフ化したもの。なお、ヒストグラムと度数分布表は、一方がわかれば他方も作れるため、1対1に対応する。つまりどちらも同じ情報を持っている

10 hour	
Statistics	**3**

図表やグラフによるデータの整理

▶ 03

5数要約と箱ひげ図

　本節では1変量データの**5数要約**とその図的表現である**箱ひげ図**を説明します。データを昇順に（小さいものから大きいものへと）並べ直したとき、小さいほうから25%、50%、75%の順位に相当する3つの値を**四分位数**と言い、順に**第1四分位数** Q_1、**第2四分位数** Q_2、**第3四分位数** Q_3 と言います。第2四分位数は4章2節で学ぶ**メディアン**と同じです。

　最小値、四分位数（Q_1, Q_2, Q_3）、最大値の5つの数値で要約する方法を**5数要約**と言います。表は3章1節の家賃データの5数要約です。最大値と最小値の差を**範囲**と言います。第3四分位数 Q_3 と第1四分位数 Q_1 の間にはデータの中心近くの50%（主要部と言ってよいでしょう）が含まれます。したがって、$Q_3 - Q_1$ は主要部がどれくらいの広がりをなすのかに関する情報を与えます。この値を**四分位範囲**と呼びます。家賃データについては、範囲＝3623－859＝2764円、四分位範囲＝1496.5－1064.5＝432.0円です。

　箱ひげ図は「箱」と「ひげ」からなり、ひげの両端は最小値と最大値、箱の両端が第1四分位数と第3四分位数、箱の中の縦線が第2四分位数を表します。

　ひげの両端の長さは範囲、箱の長さは四分位範囲に対応します。第2四分位数が箱のどのあたりにあるかによってデータ分布の形状を知ることができます。分布が左右対称のときは箱の中央に位置しますが、左寄りであれば右に歪んだ分布、右寄りであれば左に歪んだ分布であることが示唆されます。

図表でわかる！ポイント

表	
最小値	859.0
第1四分位数 Q_1	1064.5
第2四分位数 Q_2	1254.0
第3四分位数 Q_3	1496.5
最大値	3623.0

この範囲にデータの中心近くの50%が含まれる

箱ひげ図

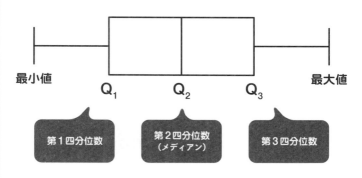

箱ひげ図に関しては、いくつかの作り方がある。ここで紹介しているものが最も初歩的なもので、データのばらつき具合に応じて、より工夫された箱ひげ図が存在する

10 hour	
Statistics	**3**

図表やグラフによるデータの整理

▶ 04

時系列グラフ

　時系列データは時点の順に並んでいますので、並べ替えをすると情報が著しく損なわれます。したがって、データを大きさの順に並べ替える、度数分布表やヒストグラムは適しません。平均や標準偏差（4章1節と5章3節）なども多くの場合は意味を持ちません。

　右頁の図1は日経平均株価の月次データを時点順に折れ線で表示したものです。これを**時系列グラフ**と言い、時系列データの整理法として最も基本的なものです。見る際のポイントは、(i) トレンドがあるか、(ii) 散らばり具合は一定か、などです。たとえば、図1の時系列グラフには緩やかな上昇トレンドが観察されます。

　時系列データは**時間変化率**の変動が関心の対象となることが多いです。時系列データ x_t の t 時点における**時間変化率** y_t とは、

$$y_t = (x_t - x_{t-1}) / x_{t-1}$$

と定義されます。100倍して%表示することもあります。この式は $x_t = (1 + y_t)x_{t-1}$ とも書くことができます。時間変化率 y_t が0％なら x_t は x_{t-1} と同じ値ということであり、y_t が10％なら10％増加したということです。特に x_t が GNP の場合は GNP 成長率、株価データの場合は**株価収益率**と呼ばれます。図2は日経平均の株価収益率の時系列グラフです。一定の水準の周りを安定した散らばり具合で分布していて、どの時間区間に注目してもほぼ同じような変動を示す時系列を**定常時系列**と言います（19章2節）が、図2もそれに近い性質を持つように見えます。このような時系列は平均や標準偏差を計算して、分布の中心や散らばりの程度を測ることができます。株価収益率の平均を**リターン**、標準偏差を**リスク**と言います。この例ではリターンは1.3%、リスクは4.9%です。

図表でわかる！ポイント

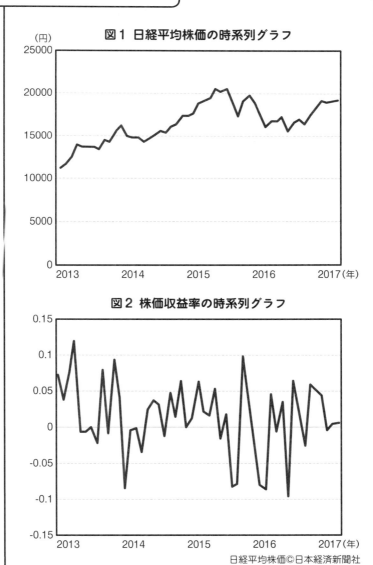

日経平均株価©日本経済新聞社

10 hour	**3**
Statistics	

図表やグラフによるデータの整理

▶ 05

相関と散布図

　前節までは1変量データの図による整理が中心でした。本節では2変量データの整理・要約の方法について学びます。ここでの関心は2つの変量、たとえばGNPとCO_2排出量、景気と犯罪発生率はどのような関係を持つのか、そしてその強さはどれほどかということです。

　連続変量の場合、2変量の関係を**散布図**によって視覚的に捉えることができます。散布図とはデータを2次元平面の点として表現したもので、右頁の図1は小1児童10人の身長と体重の2変量データ（2章1節）の散布図です。児童の測定値は右肩上がりに分布していて、身長が高い児童は総じて体重が重いという傾向があることが観測できます。このような関係、つまり一方の変量の増加が他方の変量の増加を伴うとき、**正の相関がある**と言います。この逆の関係、つまり一方の変量の増加が他方の変量の減少を伴うとき、**負の相関がある**と言います（右頁の図2）。また、どちらの関係も見られないとき**無相関**であると言います（右頁の図3）。

　相関関係には**有無**と**正負**だけでなく、**強弱**もあります。**相関が強い**とは両変量の関係が**直線により近い**ということです。図4は強い正の相関、図5は強い負の相関を示す散布図の例です。そしてデータがすべて1つの直線の上にある場合、2変量の間に**完全な相関がある**と言います。このように相関関係とは直線的関係なので、曲線的関係は（完全に近いものであっても）相関関係とは言いません。

　質的変量の場合は**分割表**（6章5節参照）が用いられます。やはり変量間の関連性や独立性が関心の対象となります。

44

図表でわかる！ポイント

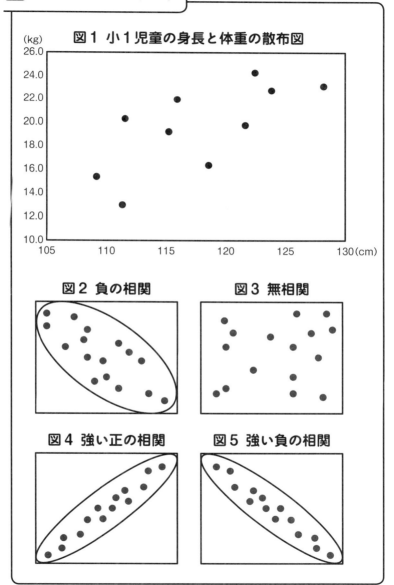

10 hour	**4**
Statistics	

**データの
中心の指標**

▶ 01

平均

　前章では、データを図表やグラフによって整理し、その分布の概要を視覚的に捉える方法を学びました。以下では、数値による整理・要約の方法を学びます。本章では、データ分布の中心を表す数値として**平均**、**メディアン**、**モード**という３つの指標を学びます。

　平均はデータの合計をデータ数で割ったものと定義されます。

$$平均 = \frac{データの総和}{データ数}$$

です。たとえば右頁の成績データ（表１）の平均は、

　平均＝（4＋3＋…＋2)/20＝80/20＝4点

となります。平均は元のデータと同じ単位を持ちます。したがって、右頁の小１児童10人の身長データ（表２）の平均は、

　平均＝（111.6＋122.5＋…＋118.6)/10＝1178.4/10＝117.8cm

となります。

　一般に、n 個の測定値からなるデータを $x_1, x_2, \cdots, x_n$ と表すと、その平均（M と置きます）は、

$$M = \frac{1}{n}(x_1 + x_2 + \cdots + x_n)$$

と定義されます。

　右頁の図において、各データを同じ重さ（たとえば１g）を持つブロックと見たとき、ちょうど釣り合いの取れる支点の位置の目盛は平均 M となります。つまり平均は、データの分布の**重心**と見なすことができます。

46

図表でわかる! ポイント

20人からなるクラスで10点満点の試験を行ったところ成績は以下であった

表1

番号	得点(点)
1	4
2	3
3	8
4	6
5	10
6	5
7	5
8	1
9	4
10	1
11	5
12	0
13	6
14	3
15	3
16	3
17	2
18	2
19	7
20	2

無作為に選ばれた小1児童10人の身長を測定したところ、結果は以下であった

表2

番号	身長(cm)
1	111.6
2	122.5
3	123.9
4	109.2
5	115.9
6	128.3
7	115.3
8	111.4
9	121.7
10	118.6

図

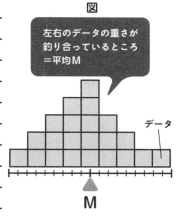

左右のデータの重さが釣り合っているところ＝平均M

4 データの中心の指標

10 hour	
Statistics	**4**

▶ 02

メディアン

**データの
中心の指標**

メディアンはデータを大きさの順に並べ直したとき、ちょうど中間の順位にある測定値と定義されます。平均と同様にデータの分布の中心を示す数値です。**中央値**、**中位数**とも呼ばれます。

大きさの順に並んだ5個の測定値があるときは3番目の、7個あるときは4番目の測定値がメディアンです。したがって、{2,8,3,6,3,2,5}というデータのメディアンは、まず昇順に並べて、

2, 2, 3, 3, 5, 6, 8

とし、これの4番目にある3です。もちろん降順に並べても同じ結果になります。データの個数が偶数の場合、たとえば8個の場合は4番目と5番目が中央に当たりますので、その2つ測定値の平均を取ったものをメディアンと定義します。つまり、先ほどのデータに7が追加された8個のデータ{2,8,3,6,3,2,5,7}のメディアンは、(3+5)/2＝4となります。

一般に、データの個数が奇数（$2k+1$）のときは、大きさの順に並べたときの（$k+1$）番目の測定値をメディアンと定義します。偶数（$2k$）のときは、「k番目と（$k+1$）番目の平均」をメディアンとします。

メディアンの特徴は、平均に比べて極端な値の影響を受けにくいという点にあります。実際、{1, 2, 3, 6, 8}というデータの平均は4、メディアンは3です。ここで最後の8を80に置き換えたデータ{1,2,3,6,80}を考えると、平均は18.4に増えますが、メディアンは変わらず3です。所得や貯蓄などのように少数の世帯が大きな額を有するデータを分析する場合は、平均よりメディアンのほうが実感に近い値を示すことがあるので注意が必要です。

図表でわかる！ ポイント

4
データの中心の指標

例1				
データ番号	データ		順位 （データ番号）	昇順 並べ替え
1	2		1 (1)	2
2	8		2 (6)	2
3	3	データを並べ替えると…	3 (3)	3
4	6		4 (5)	3
5	3		5 (7)	5
6	2		6 (4)	6
7	5		7 (2)	8

メディアンは4番目の「3」

例2				
データ番号	データ		順位 （データ番号）	昇順 並べ替え
1	2		1 (1)	2
2	8		2 (6)	2
3	3		3 (3)	3
4	6	データを並べ替えると…	4 (5)	3
5	3		5 (7)	5
6	2		6 (4)	6
7	5		7 (8)	7
8	7		8 (2)	8

**メディアンは4番目の「3」と
5番目の「5」の平均である「4」**

所得や貯蓄のように、少数の世帯が大きな額を有する
場合、平均よりメディアンのほうが実感に近い値となる

10 hour		▶ 03
Statistics	**4**	

データの
中心の指標

モード（最頻値）

　すでに紹介した**モード**もデータの分布の中心を表す数値です。モードは、階級分けされて度数分布表の形に整理されている場合は「度数が最大となる階級の階級値」と定義されます。また4章1節の成績データのように、階級分けされていない場合は、単に度数が最大となる値がモードとなります。成績データのモードは3点です。

　モードは量的データだけでなく、右頁の表の事故原因データのような質的データに対しても定義することができます。質的データに対しては、「最も度数の大きなカテゴリー」をモードと定義します。表のデータのモードは「追突」です。

　さて、この章では中心の指標として平均、メディアン、モードを学びました。成績データのモード、メディアン、平均はそれぞれ、

　　　モード＝3、メディアン＝3.5、平均＝4

でした。これらは必ずしも一致していないことがわかります。実は、データの分布が**右に歪んでいるときは、**

　　モード≦メディアン≦平均

の順に並ぶことが知られています。歪みがより強くなるとこれらの乖離(かいり)がより大きくなりますので注意が必要です。右頁の図で見るとおり、貯蓄の分布は一般に右に歪んでいます。そして、モード（100万円未満）、メディアン（761万円）、平均（1309万円）の間には大きな乖離が見られます。データ分布が左に歪んでいるときはこの逆の順（平均≦メディアン≦モード）になります。また、左右対称の場合は3つがほぼ同じ（平均≒メディアン≒モード）となります。データ分析をする際には、まずヒストグラムによってデータの分布の様子を観察し、歪みをチェックすることが大切です。

図表でわかる！ポイント

表　バス事故の原因と件数

項目	度数	相対度数(%)
正面衝突	2	0.7
追突	128	42.4
出会い頭	38	12.6
追い越し時	23	7.6
すれ違い時	79	26.2
転回時	32	10.6
計	302	100.0

『自動車運送事業に係る交通事故要因分析検討会報告書(平成23年度)』
(国土交通省自動車局)の図39(P37)より
＊データは平成21年度のもの

図　分布が右に歪んでいる場合

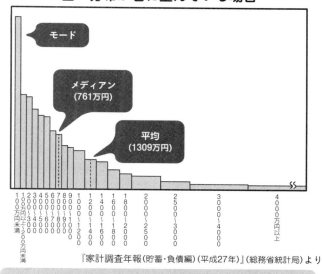

『家計調査年報(貯蓄・負債編)(平成27年)』(総務省統計局)より

この図のように、データの分布が右に歪んでいる場合、モード≦メディアン≦平均の順に並ぶ

10 hour	4
Statistics	

**データの
中心の指標**

▶ 04

加重平均

　データ解析では、2つのグループを何らかの基準で比較すること
がしばしば必要になります。たとえば、同一業種に属する2つの会
社（A社とB社）の賃金を比較するため、両社からそれぞれ100人
の男性正社員を無作為に抽出して賃金の平均を計算したところ、

　　　A社：630万円　　B社：600万円

であったとします。この結果を見ると、B社に比べてA社の平均賃
金のほうが高いことは明らかです。しかし、それぞれの年齢分布と
年齢別賃金が次のようであったとすればどうでしょうか。

　　　　20歳代　　　　30歳代　　　　40歳代　　　　50歳代　　　　60歳代

A社：15人（300万円）　25人（500万円）　25人（700万円）　20人（900万円）　15人（700万円）
B社：30人（400万円）　30人（600万円）　20人（700万円）　10人（900万円）　10人（700万円）

このデータから、両社は年功序列的な賃金体系を持っていて、各年
齢層について見ればB社の賃金のほうが高い（もしくは等しい）こ
とがわかります。しかし、B社は若年層が厚いため、平均で見れば
A社よりも賃金が低くなっています。このことを考慮に入れると単
純に平均で比較することは妥当とは言えないでしょう。

　1つの対処として両社の年齢分布を揃えて平均を計算するという
方法があります。たとえば、A社の年齢分布を基準としてB社の平
均を計算するのであれば、各社の平均は右頁のとおりとなり、B社
の賃金のほうがA社よりも大となります。この平均のことを**加重平
均**、特に「A社の年齢分布をウェイトに用いた**加重平均**」と言いま
す。ウェイトの取り方は分析目的により様々なものがあり得ます。
たとえば、その業種の男性全体の年齢分布を使うことも考えられま
す。

図表でわかる！ ポイント

A社の賃金			B社の賃金		
年齢層	人数(人)	年収(万円)	年齢層	人数(人)	年収(万円)
20歳代	15	300	20歳代	30	400
30歳代	25	500	30歳代	30	600
40歳代	25	700	40歳代	20	700
50歳代	20	900	50歳代	10	900
60歳代	15	700	60歳代	10	700
合計	100		合計	100	

A社の加重平均＝
{15×300+25×500+25×700+20×900+15×700}／100
　　＝<u>630万円</u>

B社の加重平均＝
{15×400+25×600+25×700+20×900+15×700}／100
　　＝<u>670万円</u>

加重平均は物価指数や数量指数、標本調査などで
広く用いられている

10 hour	
Statistics	**4**

**データの
中心の指標**

▶ 05

平均の計算に
ついて

　たとえば、（−2, −1, 1, 1, 2 ）の平均を求めることにはほとんど困難はないでしょう。

　平均は $M = (−2−1+1+1+2)/5 = 1/5 = 0.2$ です。では次のデータはどうでしょうか。

　　9998, 9999, 10001, 10001, 10002 ………（1）

あるいは、

　　−0.004, −0.002, 0.002, 0.002, 0.004 ………（2）

の平均はいくらでしょうか。

　（1）のデータは元のデータに10000を足したものです。また、（2）のデータは元のデータを0.002倍したものです。このような場合、新しく作られたデータの平均は元のデータの平均 M から容易に計算することができます。実際、（1）のデータの平均は、

　　$10000 + M = 10000.2$ （単に平均に10000を足せばよい）

となり、（2）のデータの平均は、

　　$0.002 × M = 0.0004$ （単に平均を0.002倍すればよい）

となります。

　より一般的に書きますと、$x_1, x_2, \cdots, x_n$ なるデータの平均を M と表します。データに定数 a を掛け、b を足すことによって、新しいデータ、

　　$ax_1 + b, ax_2 + b, \cdots, ax_n + b$

を作ります。たとえば（1）のデータは $a = 1$, $b = 10000$ として得られますし、（2）は $a = 0.002$, $b = 0$ としたものです。このとき新しいデータの平均は $aM + b$ となります。

図表でわかる！ ポイント

データをa倍すれば、平均もa倍となります。
それを証明いたします。

まず、$x_1, x_2, \cdots, x_n$ というデータを想定します。

a倍すると……

$ax_1, ax_2, \cdots, ax_n$

その平均を求めると

$(ax_1 + ax_2 + \cdots + ax_n)/n$
$= a\,\boxed{(x_1 + x_2 + \cdots + x_n)/n}$
$= aM$

元のデータの平均(M)を求める式

10 hour	
Statistics	**5**

データ分布
の散らばり
の指標

▶ 01

平均偏差

　データを分析する際、平均やメディアンなどの中心の指標だけで
は十分な情報は得られません。たとえば、100人が受けた試験の得
点データがあったとして、その平均点が60点であることがわかって
いるものとします。ある受験者の得点が80点であったとき、その受
験者が全体の中でどの程度の位置にあるのか、たとえば上位何％く
らいにいるのかは平均点の情報だけではわかりません。それは得点
分布の散らばりの程度にも関係するからです。

　データの散らばりを表す指標を導くため、右頁の表1のデータA
とBを例に考えましょう。平均はどちらも10ですから、分布の中心
の位置は同じです。では、どちらのデータがより散らばっているで
しょうか。データAと考えるのが自然でしょう。実際、データAの
測定値のほうが総じて平均10から離れていると言えますし、右頁の
図からもわかります。これをより明らかにするため、各測定値と平
均との差を取ると表2のようになります。この値を**偏差**と言います。
データの散らばりを評価するときは、プラス・マイナスの情報は不
要です。したがって、偏差の絶対値を取った表3の情報で十分と言
えます。この値（絶対偏差）が小さいほどデータは平均の周りに集
まっている、大きいほどデータはより散らばっていると言えます。
平均偏差は絶対偏差の平均と定義されます。データAの平均偏差は、

$$平均偏差 = \frac{6+6+1+1+2+3+4+5}{8} = \frac{28}{8} = 3.5$$

となります。同様に、データBの平均偏差は0.75であり、データA
の散らばりのほうが大きいことがわかります。

図表でわかる! ポイント

表1 データ

データA	4	4	9	9	12	13	14	15	平均＝10
データB	8	9	10	10	10	10	11	12	平均＝10

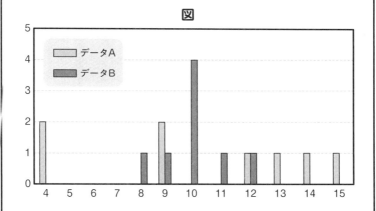

図

表2 偏差

データA	-6	-6	-1	-1	2	3	4	5
データB	-2	-1	0	0	0	0	1	2

表3 絶対偏差

									平均偏差
データA	6	6	1	1	2	3	4	5	3.5
データB	2	1	0	0	0	0	1	2	0.75

10 hour	**5**
Statistics	

▶ 02

分散

**データ分布
の散らばり
の指標**

　散らばりの程度を測る際、偏差の絶対値ではなく、2乗を取るという考え方もあります。前節表3データの2乗を取ると、

　　データA：36, 36, 1, 1, 4, 9, 16, 25

　　データB：4, 1, 0, 0, 0, 0, 1, 4

となります。**分散**はこの値（偏差2乗）の平均と定義されます。データが平均から離れたところまで散らばっていれば分散は大きくなり、逆に平均の近くに集中していれば分散は小さくなります。データAの分散は、

$$分散 = \frac{36 + 36 + 1 + 1 + 4 + 9 + 16 + 25}{8} = \frac{128}{8} = 16$$

です。同様に、データBの分散は $(4+1+0+0+0+0+1+4)/8 = 1.25$ となり、データAのほうがより散らばっていることがわかります。

　分散の定義式を一般的に書きますと次のとおりです。データを x_1, x_2, $\cdots$, x_n で表し（n はデータ数）、その平均を M で表すと、各測定値の偏差の2乗は $(x_i - M)^2$ と書けます。分散はその平均ですから、

$$分散 = \frac{1}{n} \left\{ (x_1 - M)^2 + (x_2 - M)^2 + \cdots + (x_n - M)^2 \right\}$$

と表すことができます。成績データの分散は次のとおりです：

$$分散 = \frac{1}{20} \left\{ (4-4)^2 + (3-4)^2 + \cdots + (2-4)^2 \right\} = \frac{122}{20} = 6.1$$

　分散は測定値が2乗されていますので、単位も2乗されます（データを a 倍すれば分散は a^2 倍になります）。そのため、数値を解釈しづらい、という難点があります。この点を補ったものが次節で述べる標準偏差です。

図表でわかる！ポイント

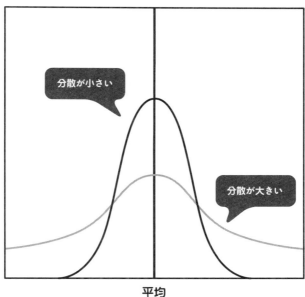

データが平均から離れたところにまで散らばっていれば分散は大きくなり、平均に近いところに集中していれば分散は小さくなる

10 hour	5	▶ 03
Statistics		

データ分布
の散らばり
の指標

標準偏差

　分散は元のデータとは異なった単位を持ちますので、その値を解釈するときにしばしば不便です。そこで、元のデータと同じ単位にするため分散の平方根を取ることが考えられます。分散の（正の）平方根を**標準偏差**と言います。

　たとえば、成績データの分散は6.1でしたから、標準偏差はその平方根で2.47点となります。式を使って一般的に書きますと、

$$S = \sqrt{\frac{1}{n}\left\{(x_1 - M)^2 + (x_2 - M)^2 + \cdots + (x_n - M)^2\right\}}$$

となります。以後、標準偏差を S という記号で表します。分散は標準偏差の2乗になりますので S^2 と表します。

　標準偏差の読み方の目安としては次のようなものがあります。データの分布が左右対称で釣鐘型をする場合（より正確に言えば後述する**正規分布**をなす場合）、

　　　$M - S$ 以上 , $M + S$ 以下の範囲に全データの約68.3%

　　　$M - 2S$ 以上 , $M + 2S$ 以下の範囲に全データの約95.4%

　　　$M - 3S$ 以上 , $M + 3S$ 以下の範囲に全データの約99.7%

が含まれる、ということが知られています（右頁の図を参照）。上の範囲をそれぞれ **1シグマ範囲**、**2シグマ範囲**、**3シグマ範囲**と言います。右頁の表1の3月の最高気温データでは、平均と標準偏差はそれぞれ $M = 14.9℃$、$S = 4.2℃$ ですから、1シグマ範囲は10.7 〜 19.1℃となり、この範囲に入った日は19日（61.3%）、2シグマ範囲は6.5 〜 23.3℃で30日（96.8%）、3シグマ範囲は2.3 〜 27.5℃で31日（100%）となります。

図表でわかる! ポイント

表1 2016年3月の最高気温データ	
日付(3月)	最高気温(℃)
1日	10.3
2日	12.4
3日	16.4
4日	15.9
5日	16.3
6日	17.3
7日	15.5
8日	20.8
9日	14.9
10日	8.5
11日	6.1
12日	8.4
13日	9.2
14日	6.9
15日	14.1
16日	13.9
17日	20.4
18日	21.4
19日	16.7
20日	19.0
21日	13.8
22日	17.5
23日	18.0
24日	9.5
25日	14.4
26日	12.5
27日	16.1
28日	16.8
29日	18.6
30日	20.0
31日	20.2

表2	
平均	14.9
標準偏差	4.2
1シグマ範囲	10.7以上
	19.1以下
2シグマ範囲	6.5以上
	23.3以下
3シグマ範囲	2.3以上
	27.5以下
最小値	6.1
最大値	21.4

気象庁より

5 データ分布の散らばりの指標

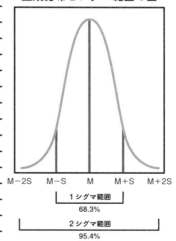

図
正規分布とシグマ範囲の図

10 hour	**5**
Statistics	

**データ分布
の散らばり
の指標**

▶ 04

標準化（1）

　右頁の表1は高校1年生男子10人の体重のデータです。このデータの平均は $M=60$kg、標準偏差は $S=10$kg です。10番目の測定値はA君の体重で、

　　$61.0 = 60.0 + 1.0 (\text{kg})$

と書けますから、A君は平均よりも1.0kg重い体重の持ち主です。

　一方、表2は男の新生児10人の出生時の体重のデータです。平均は $M=3.0$kg、標準偏差は $S=0.5$kg です。10番目の測定値はB君の体重で、これは、

　　$4.0 = 3.0 + 1.0 (\text{kg})$

と書けますので、B君も平均との差は1.0kgです。

　A君とB君は平均よりも1.0kg重いという点では共通ですが、体重の分布における両者の相対的な位置は大変に異なります。高校生のA君は平均と大差ありませんが、新生児のB君は平均からかなり隔たっています。両君の違いはなぜ生じるのでしょうか。それは、高校生の体重の分布が新生児のそれに比べて散らばりがずっと大きいことによります。実際、高校生の体重の標準偏差 $S=10.0$kg は新生児のそれ $S=0.5$kg の20倍です。

　両君の違いを明確にする方法があります。2人の体重をそれぞれ次のように表すのです：

　　測定値＝平均＋ ■■ ×標準偏差 …… （1）

こうすることで標準偏差を定規の目盛のように扱えます。標準化については、引き続き次項でご説明いたします。

62

図 表でわかる! ポイント

5

データ分布の散らばりの指標

表1 高校生の体重		
番号	体重(kg)	標準化
1	58.5	-0.15
2	61.5	0.15
3	64.0	0.40
4	46.0	-1.40
5	56.8	-0.32
6	55.4	-0.46
7	84.5	2.45
8	48.0	-1.20
9	64.1	0.41
10	61.0	0.10

平均M＝60.0kg
標準偏差S＝10.0kg

表2 新生児の体重		
番号	体重(kg)	標準化
1	2.9	-0.20
2	3.1	0.20
3	2.8	-0.40
4	3.2	0.40
5	3.4	0.80
6	2.2	-1.60
7	2.8	-0.40
8	2.7	-0.60
9	2.8	-0.40
10	4.0	2.00

平均M＝3.0kg
標準偏差S＝0.5kg

10 hour	**5**
Statistics	

**データ分布
の散らばり
の指標**

▶ 05

標準化（2）

　前項からの続きです。（1）式の＿＿＿＿の部分は測定値が平均から
標準偏差いくつ分離れているかを表しています。つまり、先ほどの
式において標準偏差は測定値と平均の離れ具合を測る際の**目盛の役
割**を果たしているのです。高校生と新生児の体重で計算しますと、

　　　Ａ君：61.0＝60.0＋ 0.10 ×10（Ａ君は平均より0.1目盛大きい）
　　　Ｂ君：4.0＝3.0＋ 2 ×0.5（Ｂ君は平均より２目盛大きい）

となります。つまり、高校生の体重の測定値を読むときは１目盛を
10kgとします。そうするとＡ君は平均から0.1目盛だけ大きいこと
になります。他方、新生児の体重の測定値を読むときは１目盛を
0.5kgとします。Ｂ君は平均から２目盛だけ大きいことになります。
0.1と２を比較すれば、Ａ君とＢ君の違いは明らかです。

　この数値のことを**標準化**と言います。これにより、各測定値がデー
タ分布の中でどの辺に位置しているかがわかります。標準化は、

$$標準化＝\frac{測定値－平均}{標準偏差}＝\frac{測定値－M}{S}$$

として求められます。これは前節の（1）式の＿＿＿部分について解
くことによって得られます。前節右頁の表に各測定値の標準化の値
がありますので、自ら確かめてください。**平均に等しい測定値の標
準化は０です。平均よりも大きい測定値の標準化は正となり、平均
よりも小さい測定値の標準化は負の値を取ります。**たとえば高校生
の体重の分布において、70kgという測定値があれば、その標準化は
（70－60)/10＝１となります。また、50kgと85kgの標準化はそれぞ
れ－１と2.5です。新生児の体重の分布において、2.5kgという測定
値があれば、その標準化は（2.5－3.0)/0.5＝－１です。

64

図表でわかる！ポイント

標準化と偏差値の関係

受験でおなじみの偏差値ですが、実はここで学んだ標準化と偏差値は下記の表のように、1対1に対応しています。

標準化から偏差値を算出する計算式は以下のとおりです。

偏差値＝(10×標準化)+50

標準化	偏差値
-3	20
-2	30
-1	40
0	50
1	60
2	70
3	80

平均点ならばココ！

10 hour	**6**	▶ 01
Statistics		

相関と回帰

共分散

　本章の前半では、相関関係の有無や正負、強さの指標である**相関係数**を学びます。そのためにはまず**共分散**という概念が必要になります。共分散の読み方は、

　　　正の相関　⇔　共分散＞0

　　　負の相関　⇔　共分散＜0

です。つまり**相関の正負と共分散の正負は一致**します。

　共分散の定義を、右頁の表、小1児童の身長と体重のデータに基づいて述べると、まず各児童につき、

　　　（身長－身長の平均）×（体重－体重の平均）

　　　＝（身長－117.8）×（体重－19.5）

を計算します。この値は「身長の偏差」と「体重の偏差」の積ですので、**偏差積**と言います。たとえば、2番目の児童の値は、

　　　$(122.5 - 117.8) \times (24.3 - 19.5) = 22.56$

となります（正）。また5番目の児童の値は－4.37となります（負）。右頁の表に全員の偏差積の値があるのでご覧ください。これらの平均が共分散です。すなわち、

　　　身長と体重の共分散　$= (-3.72 + 22.56 + \cdots - 2.64)/10 = 15.1$

です。共分散は単位に依存します。このデータの場合はcm・kgとなります。通常は単位を記しませんが、共分散が単位に依存しているという事実は重要です。実際、cmをmに直すと共分散の数値は0.01倍になります。また、共分散は2つの変量の順序には無関係です。

　小1児童のデータの共分散は正の値なので正の相関が示唆されます。これは散布図からの印象と一致します。

図表でわかる！ポイント

表　小1児童の身長と体重

番号	身長(cm)	体重(kg)	偏差積
1	111.6	20.1	-3.72
2	122.5	24.3	22.56
3	123.9	22.7	19.52
4	109.2	15.3	36.12
5	115.9	21.8	-4.37
6	128.3	23.2	38.85
7	115.3	19.1	1.00
8	111.4	12.8	42.88
9	121.7	19.7	0.78
10	118.6	16.2	-2.64
平均	117.8	19.5	
標準偏差	5.9	3.6	

身長の平均M
＝117.8cm

体重の平均M
＝19.5kg

共分散
＝15.1

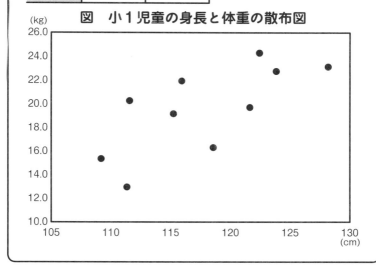

図　小1児童の身長と体重の散布図

10 hour	**6**
Statistics	
相関と回帰	

▶ 02

共分散のしくみと
相関係数

　なぜ正の相関があるときに共分散が正となるのでしょうか。右頁の表の10個の偏差積をご覧ください。正の値が多く、それらの値は負の値に比べるとずっと大きいことに気づきます。当然それらの平均である共分散は正となります。次に図をご覧ください。図の真ん中にある縦線と横線はそれぞれ身長と体重の平均を表します。ⅠからⅣの各領域は平均の値で仕切られています。それは偏差積の平均という共分散の定義と整合的です。実際、ⅠとⅢの部分は偏差積が正となり、ⅡとⅣの部分は負となります。正の相関があれば、ⅠとⅢの部分に多くのデータが集まります。したがって偏差積は正の値が多くなります。また、ⅠとⅢのデータは交点Ａから大きく離れているものがあります。これにより値が大きくなるのです。これが正の相関のときに共分散が正となる理由です。負の相関の場合はこの逆のことが起こるので、共分散が負の値となります。また、無相関の場合には正と負の値が相殺されて０に近い値になります。

　さて、共分散は単位を持つので、それが０に近いかどうかの判断は簡単ではありません。次に定義する**相関係数**は単位に依存しない相関の指標です。相関係数は、

$$相関係数 = \frac{身長と体重の共分散}{身長の標準偏差 \times 体重の標準偏差}$$

と定義されます。分母と分子の単位が同じなので、相関係数は単位に依存しません。また、分母は標準偏差ですから常に正です。したがって、相関係数の正負は分子のみで決まります。つまり**相関係数の正負と共分散の正負は一致**します。ゆえに共分散と同様、正の相関のとき相関係数は正、負の相関のとき相関係数は負となります。

68

図表でわかる！ポイント

表　小1児童の身長と体重

番号	身長(cm)	体重(kg)	身長の偏差	体重の偏差	偏差積
1	111.6	20.1	-6.2	0.6	-3.72
2	122.5	24.3	4.7	4.8	22.56
3	123.9	22.7	6.1	3.2	19.52
4	109.2	15.3	-8.6	-4.2	36.12
5	115.9	21.8	-1.9	2.3	-4.37
6	128.3	23.2	10.5	3.7	38.85
7	115.3	19.1	-2.5	-0.4	1.00
8	111.4	12.8	-6.4	-6.7	42.88
9	121.7	19.7	3.9	0.2	0.78
10	118.6	16.2	0.8	-3.3	-2.64
平均	117.8	19.5		共分散	15.1
標準偏差	5.9	3.6			

6　相関と回帰

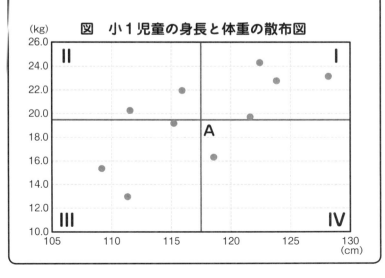

図　小1児童の身長と体重の散布図

10 hour	**6**
Statistics	
相関と回帰	

▶ 03

相関係数のしくみ

　小1児童のデータの相関係数を計算してみましょう。共分散＝15.1、身長の標準偏差＝5.9cm、体重の標準偏差＝3.6kg ですから、相関係数は15.1/(5.9×3.6) ＝ 0.72です。相関係数は常に－1と1の間の値を取ります：

　　　－1≦相関係数≦1 ……（1）

そして**相関係数が±1に近いほど相関が強くなり、±1を達成することとデータがすべて直線上に乗ること（完全な相関）とが同値になります。**右図に散布図と相関係数の対応を示してあります。

　　　－1≦相関係数＜0 ⇔ 負の相関（－1に近いほど強い）

　　　　　相関係数≒0 ⇔ 無相関

　　　0＜相関係数≦1 ⇔ 正の相関（1に近いほど強い）

　ここから先はやや数学的です。相関係数の定義は数学でよく知られたコーシー・シュワルツの不等式に基づいています。この不等式は2つの数列 $a_1, a_2, \cdots, a_n$ と $b_1, b_2, \cdots, b_n$ に対して、$(a_1 b_1 + a_2 b_2 + \cdots + a_n b_n)^2 \leq (a_1^2 + a_2^2 + \cdots + a_n^2) \times (b_1^2 + b_2^2 + \cdots + b_n^2)$ なる関係（積和の2乗は2乗和の積より小さい）が成り立つというものです。そして等号が成立することと2つの数列が比例関係にあること（つまりある定数 c があって $a_i = cb_i$ がすべての i について成り立つこと）とが同値になります。数列 a_i に身長の偏差を代入し、数列 b_i に体重の偏差を代入して、コーシー・シュワルツの不等式を使いますと、次の不等式が得られます。

　　　[共分散の2乗]≦[身長の分散]×[体重の分散]

両辺を[身長の分散]×[体重の分散]で割りますと、[相関係数の2乗]が1以下であることが示され、上記（1）式が導かれます。

図表でわかる！ポイント

散布図と相関係数の対応

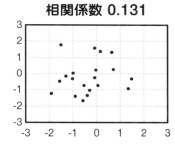
相関係数 0.131

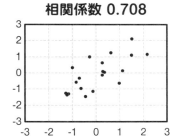
相関係数 0.708

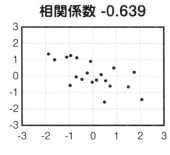
相関係数 -0.639

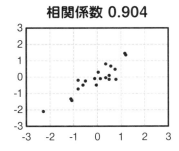
相関係数 0.904

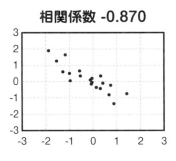
相関係数 -0.870

10 hour
Statistics 6
相関と回帰

▶ 04

回帰直線

　右頁の図1は可処分所得 x と消費支出 y の散布図です。相関係数は0.997です。散布図も相関係数も両者の直線的関係の強さを示唆しています。そこでこのデータに直線、

　　消費支出 ＝ a ＋ b ×可処分所得

を当てはめることを考えます。つまり、データを直線で整理・要約するのです。

　その場合、直線はデータに最もよく当てはまるものが望ましいでしょう。そのためには、当てはまりの良さの基準をまず決める必要があります。図2をご覧ください。各測定値と直線の y 座標の差 e_1, e_2, e_3 が小さい直線は当てはまりが良いと言えるでしょう。したがって、これらの2乗の和である、

　　$e_1^2 + e_2^2 + \cdots + e_n^2$

を当てはまりの良さの尺度とします。したがって、これを最小にする直線が「最も当てはまりの良い直線」となります。このようにして直線を求める方法を**最小2乗法**と言い、求められた直線を**回帰直線**と呼びます。証明は省略しますが、回帰直線 $y = a + bx$ は、

　　$b = \dfrac{x と y の共分散}{x の分散}$ ，$a = [y の平均] - b \times [x の平均]$

で定まります。消費支出のデータに適用すると、$b = 1054.5/1072.1 = 0.98$、$a = 218.9 - 0.98 \times 255.5 = -31.5$ ですから、回帰直線は、

　　$y = -31.5 + 0.98x$

と求まります（図3）。直線の傾き b の値は、x が1単位増えたときの y の変化量です。すなわち、b の値から所得が1兆円増えると、平均して消費支出は0.98兆円増えることがわかります。

図表でわかる！ポイント

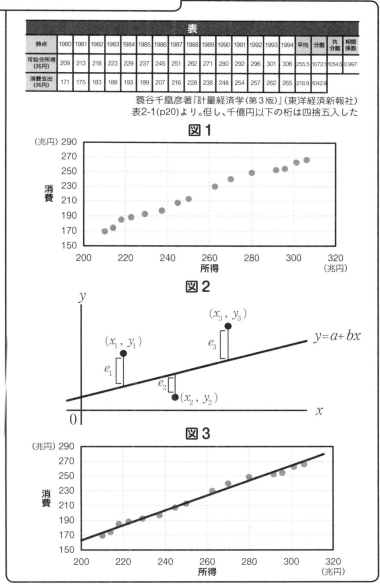

蓑谷千凰彦著『計量経済学（第3版）』（東洋経済新報社）
表2-1(p20)より。但し、千億円以下の桁は四捨五入した

10 hour	**6**
Statistics	
相 関 と 回 帰	

▶ 05

関連係数

　質的変量の関連の調べ方についてお話しします。簡単な数値例として右頁の表1を見てください。ある新政党があったとして、その支持のされ方が大都市圏と地方では異なるのではないかという点に関心があるとします。つまり、「新政党の支持不支持」という変量と「居住地」という変量の間の関連についてです。これは、大都市圏と地方のそれぞれにおける支持率を比較することによって評価できます。もし関連がなければ、大都市圏における支持率と地方における支持率は等しくなるでしょう。関連があるならば両者に違いが出るはずです。この例では大都市圏における支持率が55.6%である一方、地方では37.5%で、両者は異なります。関連がありそうです。

　表3に基づいてより一般的に述べますと、「変量 A と変量 B に関連がないこと」は「$a/(a+b)=c/(c+d)$ が成り立つこと」と等しい（関連がなければ、A に該当しようがしまいが B に該当する割合は変わりませんので）。そしてそれは $ad-bc=0$ と同値です。したがって $ad-bc$ がゼロからどれくらい離れているかが関連性の強さを表すことになります。2元分割表における**関連係数**はこれを少し工夫したもので、**$Q=(ad-bc)/(ad+bc)$** と定義されます。このように定義することにより、相関係数と同様に $-1 \leqq Q \leqq 1$ が成り立ちます。たとえば $Q=1$ のとき $b=0$（大都市圏の人は全員その政党を支持する）かまたは $c=0$（地方の人は1人もその政党を支持しない）のいずれかが成り立ち、2つの変量に非常に強い関連性があることになります。なお、この例では中程度の関連性が観察され、$Q=(100\times100-80\times60)/(100\times100+80\times60)=0.35$ となります。

図表でわかる！ ポイント

6

相関と回帰

表1				
		新政党の支持不支持		
		支持	不支持	計
居住地	大都市圏	100人	80人	180人
	地方	60人	100人	160人
	計	160人	180人	340人

表2				
		新政党の支持不支持		
		支持	不支持	計
居住地	大都市圏	55.6%	44.4%	100.0%
	地方	37.5%	62.5%	100.0%
	平均	47.1%	52.9%	100.0%

表3 一般化した図式				
		B		
		該当	非該当	計
A	該当	a	b	a+b
	非該当	c	d	c+d
	計	a+c	b+d	n

第 **3** 部

10 hour ⊘

Statistics

データ発生の
メカニズムを
描く

第3部のねらい

第2部では、データの読み方、つまりデータを整理・要約することによって、効率的に情報を取り出すことについて議論しました。しかし、データ解析における最終的な関心対象は、手許のデータではなく、データを発生させた集団のほうにあります。実際、たとえば内閣支持率などの調査は、調査対象となった数千人のデータをもとに、そのデータを生み出した有権者全体における内閣支持率を知ることが目的です。統計学では、データを生み出した集団を「母集団」と呼び、対して、手許のデータを「母集団から抽出された標本」と見なします。第3部ではこの「母集団と標本の枠組み」を解説します。

10 hour	**7**
Statistics	

母集団と
標本

▶ 01
データ解析の目的

　多くの場合、データを分析する際の最終的な関心はデータそのものにあるのではなく、そのデータが**どのような構造あるいはメカニズムで発生しているのか**にあります。

　たとえば、Ａ市の市長の支持率に関心があり、有権者500人を無作為に抽出して、支持か不支持かについて調査するとします。この場合、データとして以下のような500人分の回答、

　　　○, ○, ×, …, ×, ○　（○＝支持、×＝不支持）

が得られます。私たちの関心はこの500人の回答そのものにあるのではなく、**○と×がどのような割合で出てくるのか**、つまりＡ市の有権者全体の何割が市長を支持しているのかにあります。たとえば、500人中300人が支持と回答したならば、そこから「Ａ市の全有権者の6割が市長を支持している」と推測する。これがデータ解析の目的です。

　あるいは、ある工場において不良品がどの程度の頻度で発生するかに関心があり、完成品100個を無作為に抜き取って、規格を満たしているか否かを検査したとします。この場合、データとして、

　　　0, 0, 0, …, 0, 1, 0　（0＝良品、1＝不良品）

という形のものが得られます。ここでも私たちの最終的関心は、抜き取られた100個そのものではなく、**その0-1データがどのような割合で出てくるのか**、つまり、その生産工程を運転し続けると平均して何％くらいの頻度で不良品が発生するのかを知ることにあります。

　このようにデータ解析の関心の対象はデータを発生させる構造・メカニズムにあるのです。

図表でわかる！ポイント

データ解析の目的とは？

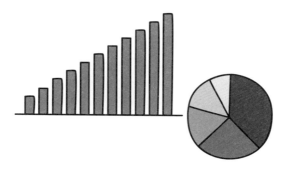

欲しい情報はデータそのものではなく……

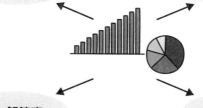

観測されたデータが発生する構造

$$X_1, X_2, \cdots, X_n$$

10 hour	**7**
Statistics	

母集団と
標本

▶ 02

母集団と標本

　前節でデータ解析における関心の対象は「データを発生させる構造」であると述べました。統計学では、データを発生させる構造を**母集団**と呼び、手中のデータを母集団から抽出された**標本**と見なします。つまり、**データとは考察対象の一部を切り取ったもの**であると考えているのです。

　前節の市長の支持率の例では、

　　標本＝「A市の有権者500人（の回答）」

であり、

　　母集団＝「A市の有権者全体（における支持・不支持の分布）」

です。また、生産工程の例では、標本は「抜き出された100個の製品（の判断結果）」であり、母集団は「工程で作られる製品全体（の良品・不良品の分布）」です。

　母集団が有限個の個体からなる場合、**有限母集団**と言い、無限個の場合は**無限母集団**と言います。生産工程の例における母集団は無限母集団と言えるでしょう。

　母集団には「集団」という言葉が使われています。文字通り「集団」をなしている場合もありますが、そうでない場合もあります。たとえば、上記の市長の支持率の例では集団をなしていると言えますが、生産工程の例では、集団というよりはむしろ「一定の比率で"良・不良"データを発生させる構造」という表現のほうが近いと言えます。

　統計学の理論はこの「**母集団と標本**」の枠組みを使って構成されています。したがって、統計学を学ぶ際には常にこの枠組みを意識することが大切です。

図表でわかる! ポイント

母集団と標本

母集団
（データを発生させる構造）

標本
（データ）

**データとは、考察対象となる
母集団の一部を切り取ったもの**

10 hour	**7**
Statistics	

母集団と
標本

▶ 03

無作為抽出

　統計学においては、データは母集団から抽出された標本すなわち母集団の一部と見なされます。したがって、標本は母集団に関する情報を持ち、標本を調べることによって、母集団について何らかの知識を得ることができると考えられます。標本の情報を利用して母集団について推測することを統計的推測と言います。

　統計的推測をする際に重要なことが1つあります。それは、標本が母集団から偏りなく抽出されているということです。偏りのある標本から母集団について推測しようとしても正しい結論は得られません。

　「標本に偏りがない」とは、標本を抽出する際、**母集団の各個体が一様に等しい確率で選ばれているということ**です。このような抽出の仕方を**無作為抽出**と言います。無作為抽出とは、たとえば、30人のクラスから7人を抽出する場合、各人が確率7/30で選ばれるような抽出法です。それは各人の名前が書かれた30枚のカードから出鱈目に7枚抜き取る選び方と同じです。無作為抽出によって選ばれた標本を**無作為標本**と言います。無作為標本は母集団の「代表値」であり、その「縮図」となっていることが期待されます。

　7章1節で扱った、市長の支持率の例においては、標本として選ばれた500人のうち300人が市長を支持すると回答し、これを根拠にA市の有権者全体における支持率を60%と推測しました。この統計的推測が妥当なものであるための前提として、500人からなる標本が無作為標本であること、すなわち各人が等しい確率で選ばれていることが必要です。ある特定の地区の人だけに限られていたり、性別や年齢に偏りがあると推測にも偏りが生じます。

図表でわかる！ポイント

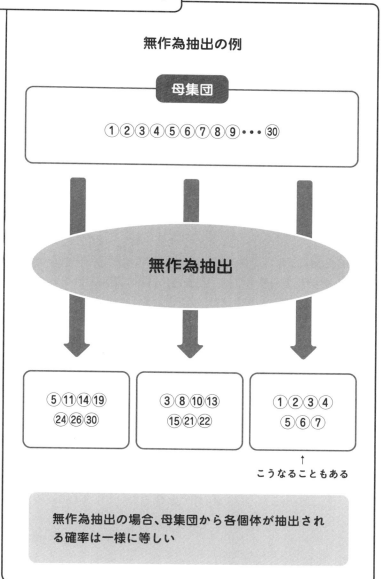

7
10 hour
Statistics

母集団と
標本

▶ 04

確率モデル

　データ解析の目的は、無作為標本に基づいて母集団に関する知識を得ること、すなわち統計的推測を行うことにあります。その際、統計学では、母集団をモデルで表します。モデルを用いることにより、本質的でない要素を捨象し、分析に一般性を持たせることができます。それがモデル化のメリットです。

　このことを7章1節で扱った、市長の支持率の例と生産工程における不良品率の例を用いて説明します。これらは次の2つの点を共通に持っています：

(i) **結果が2通り（支持／不支持、良品／不良品）であること**

(ii) **その2通りの結果がどのような割合（支持率、不良品率）で生じるかに関心があること**

このような例はコイン投げのモデルで表すことができます。すなわち、**コインを繰り返し投げ、表の出る回数や割合を観測すること**にたとえられます。表が出る確率が p であるような（歪んだ）コインを投げることを考えます。結果は表か裏の2通りです。ここで、コインの表を「支持」、裏を「不支持」と解釈します。これにより、支持率調査の例はコイン投げにたとえることができます。実際、表が出る確率 p は市長の支持率に相当し、500人に尋ねることはコインを500回投げることに相当します。表の出る回数は支持者の総数に等しく、表の出る割合は500人中における支持率に等しくなります。「表／裏」の解釈を「良品／不良品」とすれば生産工程の例もコイン投げのモデルで記述できます。コイン投げのモデルは、確率の概念を用いて数学的に正確に表現されます。確率を用いて記述されたモデルを**確率モデル**と言います。

図表でわかる！ポイント

確率モデルとは？

政治家の
支持率

製品の
不良品率

赤ちゃんの
性別

| 支持
or
不支持 | 良品
or
不良品 | 男の子
or
女の子 |

いずれも結果は2通り

支持率に関する調査も不良品率に関する調査もコイン投げのモデル＝確率モデルで扱うことができる

7 母集団と標本

10 hour	7
Statistics	

▶ 05

コイン投げ

母集団と
標本

　確率モデルの中でもコイン投げのモデルは特に簡明でかつ応用範囲が広いものです。市長の支持率の例で見たとおり、コインの表と裏の解釈を「支持／不支持」などとすることにより様々な母集団を表現することができます。詳しくは第10章で**2項分布**として学びます。

　また、若干の工夫をすることで、稀な現象に付随する数値（交通事故負傷者数やある疾患の罹患者数など）を記述するモデルとしても利用されます。たとえば、人口5万人の市があり、そこで1日当たり平均4人の交通事故負傷者が生じるものとします。この市の1日当たりの負傷者数もコイン投げのモデルで表すことができます。すなわち、各人が1日に交通事故で負傷する確率を4/50000と考え、コインの表を「交通事故で負傷する」と解釈すれば、表が出る確率が4/50000のコインを5万回投げる（1人1回投げる）ときの表の出る回数が交通事故の負傷者数となります。このモデルをより理論的に洗練したものが第10章で述べる**ポアソン分布**です。

　コイン投げのモデルは、ある出来事が起こるまでの待ち時間の母集団としても用いられます。たとえば、ある救急病院では平均して1日（24時間）に3件の急患があるとします。病院にとって急患が来る時間間隔がどのような分布をするのかは重要でしょう。1時間当たりに急患が来る確率は3/24＝1/8と考え、コインの表を「急患が来る」とし、表の確率が1/8のコインを1時間ごとに1回投げることを繰り返すモデルを考えると、「初めて表が出るのが何回目か」は「次に急患搬送があるのは何時間後か」と解釈することができます。このモデルをより精緻化したものが**幾何分布**です。

86

図表でわかる！ ポイント

コイン投げのモデル

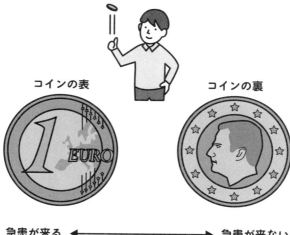

急患が来る ⟷ 急患が来ない

テレビ番組を見る ⟷ テレビ番組を見ない

自動車を持っている ⟷ 自動車を持っていない

市長を支持 ⟷ 市長を不支持

> 母集団のうち、「表」になる確率は？

コイン投げのモデルは、確率モデルの中で最もシンプルで応用範囲も広い。あらゆる問題をコインの表と裏で「○○が起こる確率」として表現することができる

10 hour	**8**
Statistics	

確率

▶ 01

確率

　コインを投げる、温度を計る、サイコロを振るなど実験や観測を総称して**試行**と呼びます。試行の結果として起こり得るものすべてからなる集合を**標本空間**と言い、ギリシャ文字のΩ（オメガ）で表します。たとえば、コインを投げるという試行の標本空間はΩ＝{表，裏}です。サイコロを振るという試行はΩ＝{1,2,3,4,5,6}です。

　標本空間の部分集合を**事象**と言います。サイコロの例で言えば、

$$A = \{1,2,3,4\}, \quad B = \{1\}, \quad C = \{2,4,6\}$$

はいずれも標本空間の部分集合ですから事象です。BとCは共通の要素がありません。このことをBとCは**互いに排反**であると言います。互いに排反な事象が同時に起こることはありません。

　確率は事象の起こりやすさを実数値で表現する指標です。以下、各事象Aに対してその確率を$P(A)$と表します。確率は右頁にある3つの条件（i）から（iii）を満たすものとして定義されます。いずれも日常生活でも応用されている性質です。

　たとえば、サイコロの例（Ω＝{1,2,3,4,5,6}）において、各々の目が出る確率を1/6と定義しますと、これはその3条件を満たします。また、コイン投げの例（Ω＝{表，裏}）において、表の確率と裏の確率をそれぞれ1/2としても同様です。この2つの例では、**標本空間Ωのすべての要素が等しい確率を持っています**。この場合、各事象Aの確率$P(A)$は次の公式で計算することができます：

$$P(A) = \frac{A\text{に含まれる要素の数}}{\Omega\text{の要素の数}}$$

サイコロの例において事象$A = \{1,2,3,4\}$の確率は、上の公式より$P(A) = 4/6 = 2/3$と求めることができます。

88

図表でわかる！ポイント

確率

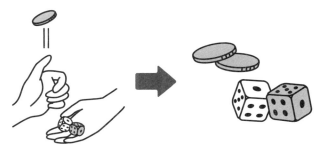

コイン投げ　＝ 試行
サイコロ振り

試行により
起こり得る結果の ＝ 標本空間(Ω)
すべての集合

＊標本空間(Ω)の部分集合＝事象

コインを投げたときの標本空間
$\Omega = \{表, 裏\}$

＊2回投げた際の$\Omega = \{(表,表), (表,裏), (裏,表), (裏,裏)\}$

サイコロを振ったときの標本空間
$\Omega = \{1, 2, 3, 4, 5, 6\}$

＊サイコロにおける事象の例$\{1,2,3\}, \{2,4\}, \{2,4,6\}$など

確率の条件

(i) $0 \leq P(A) \leq 1$（すべての事象の確率は0以上1以下）

(ii) $P(\Omega) = 1$（標本空間の確率は1）

(iii) 事象AとBが互いに排反ならば、
$P(AまたはB) = P(A) + P(B)$

10 hour	**8**
Statistics	
確率	

▶ 02

条件付き確率

　2つの事象 A と B があるとき、「事象 B が起きた」という情報が与えられる場合があります。事象 B が起きたという条件の下での事象 A の確率を**事象 B が与えられたときの A の条件付き確率**と言い、$P(A|B)$ という記号で表し、次のように定義します：

$$P(A|B) = \frac{P(A\,かつ\,B)}{P(B)}$$

右頁の数値例で定義の確認をしてください。

　上式の意味は次のとおりです（右頁図参照）：事象 B が起きたならば、Ω ではなく B を標本空間と考えてよいことになります。この場合、事象 A が生じることと事象「A かつ B」が生じることは同じことです。よって、事象 B の大きさに占める事象「A かつ B」の大きさが求める確率となるのです。

　定義式の分母を払うと、

　　$P(A\,かつ\,B) = P(A|B)\,P(B)$

なる式が得られます。これを**乗法公式**と言います。たとえば、ある大学の男子学生の40%が1人暮らしだとします。これは、$A=\{$1人暮らし$\}$、$B=\{$男子学生$\}$ としますと、

　　$P(A|B)=$男子学生に占める1人暮らしの学生の割合$=0.4$

と表現されます。その大学の男女比が3：2なら、確率 $P(B)$ は男子学生の割合に等しいので0.6ですから、乗法公式より、

　　$P(A\,かつ\,B)=$1人暮らしの男子学生の割合

　　　　　　　　$=P(A|B)\,P(B)=0.4\times0.6=0.24$

となり、1人暮らしの男子学生は全学生の24%であることがわかります。

90

図表でわかる！ポイント

条件付き確率

数値例

為替レートとX社の株価を観測する。標本空間を次のとおりとする。

$\Omega = \{$ (円下落, 株価下落), (円下落, 株価上昇), (円上昇, 株価下落), (円上昇, 株価上昇)$\}$

確率を次のとおりとする。

	株価下落	株価上昇	計
円下落	0.2	0.4	0.6
円上昇	0.3	0.1	0.4
計	0.5	0.5	1.0

B={円下落}、A={株価上昇}とし、P(A | B)を求めよ

答え：$\dfrac{0.4}{0.6} = \dfrac{2}{3}$

図

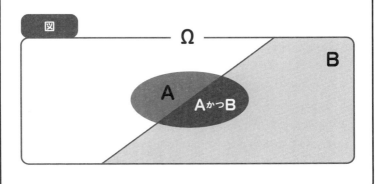

10 hour	**8**	▶ 03
Statistics		
確率		

全確率の公式と ベイズの定理（1）

　本節と次節では乗法公式の応用として、全確率の公式とベイズの定理を紹介します。次の例で考えます。ある国家資格の取得を目指す専門学校に入学する学生の年齢の分布は、20代：50％、30代：30％、40代以上：20％であるとします。過去のデータから、専門学校の課程を終えて資格を取得するのは、20代学生の8割、30代学生の5割、40代以上の学生の3割であることがわかっているものとします。この専門学校では入学生の何％が資格取得に至るでしょうか。

　右頁の図にあるように、この問題では標本空間が年齢によって、3つに分割されています。ここで事象 A、B、C をそれぞれ {20代}、{30代}, {40代以上} と置きますと $P(A)=0.5$、$P(B)=0.3$、$P(C)=0.2$ となります。また $E=$ {国家資格を取得する} と置くと、知りたい確率は $P(E)$ です。20代の8割が国家資格を取得するというのは、$P(E|A)=0.8$ が成り立つということです。$P(E|B)=0.5$ と $P(E|C)=0.3$ も同様に成り立ちます。

　さて、国家資格を取得する人は20代、30代、40代以上のいずれかの年齢に属しますので、分けて計算すると、

　　$P(E)=P(20代かつ資格取得)+P(30代かつ資格取得)+P(40代$
　　以上かつ資格取得)$=P(AかつE)+P(BかつE)+P(CかつE)$

が成り立ちます。ここで、$P(AかつE)$ に対して、乗法公式（8章2節）を使うと $P(AかつE)=P(E|A)P(A)=0.8×0.5=0.4$ が得られます。同様にして、$P(BかつE)=P(E|B)P(B)=0.5×0.3=0.15$ と $P(CかつE)=P(E|C)P(C)=0.3×0.2=0.06$ がわかるので、$P(E)=0.4+0.15+0.06=0.61$ となり、全入学生の61％が資格取得に至るということになります。

図表でわかる！ポイント

全確率の公式はP(E)=P(E|A)P(A)+P(E|B)P(B)+P(E|C)P(C)です

8

確率

図

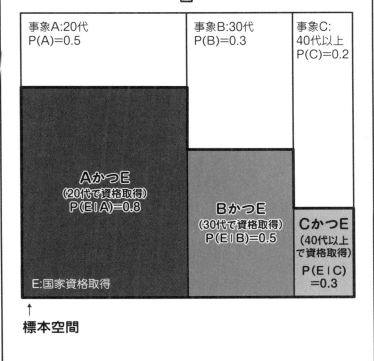

事象A:20代 P(A)=0.5
事象B:30代 P(B)=0.3
事象C:40代以上 P(C)=0.2

AかつE
(20代で資格取得)
P(E|A)=0.8

BかつE
(30代で資格取得)
P(E|B)=0.5

CかつE
(40代以上で資格取得)
P(E|C)=0.3

E:国家資格取得

↑
標本空間

10 hour	**8**
Statistics	
確率	

▶ 04

全確率の公式と
ベイズの定理（2）

　前節の専門学校では、全入学生の61％が国家資格を取得すること
ができました。その考察を公式の形でまとめますと、

$$P(E) = P(E|A)P(A) + P(E|B)P(B) + P(E|C)P(C)$$

であり、これを**全確率の公式**と言います。では、その学校で資格取
得者を集めて、祝賀会を開くとしたら出席者の年齢分布、つまり20
代、30代、40代以上の割合はどのようになるでしょうか。

　資格取得者に占める20代の割合は $P(A|E)$ と表すことができま
す。同様に30代、40代以上の割合はそれぞれ $P(B|E)$, $P(C|E)$ とな
りますので、これらの条件付き確率がわかればよいことになります。

　まず $P(A|E)$ を求めます。条件付き確率の定義より、

$$P(A|E) = P(A かつ E)/P(E)$$

となります。ここで気づくことは分子も分母もすでに前節で求めて
いるということです。これらを代入すると、

$$P(A|E) = \frac{P(A かつ E)}{P(E)} = \frac{0.4}{0.61} = 0.656$$

となります。同様に $P(B|E) = 0.15/0.61 = 0.246$ と $P(C|E) = 0.06/0.61$
$= 0.098$ も求められます。結局、

　　20代 65.6％、30代24.6％、40代以上9.8％

となり、入学当初よりも若い人の割合が多くなっていることがわか
ります。

　上式を公式の形で書くと、

$$P(A|E) = \frac{P(E|A)P(A)}{P(E|A)P(A) + P(E|B)P(B) + P(E|C)P(C)}$$

となります。これを**ベイズの定理**と言います。

図表でわかる！ ポイント

次のような例もあります。
ある病気の罹患率は1%とします。つまり、
A={罹患している}、A'={罹患していない}
としますと、

$$P(A)=0.01, P(A')=0.99$$

です。
ある検査法は罹患者の90%を陽性と判定しますが、
罹患していない人の3%も陽性としてしまいます。
つまり、
B={陽性を示す}
としますと、

$$P(B|A)=0.9$$
$$P(B|A')=0.03$$

となります。
では、陽性を示した人の何%が罹患者でしょうか。それは、

$$P(A|B) = \frac{P(AかつB)}{P(B)} = \frac{P(B|A)P(A)}{P(B|A)P(A)+P(B|A')P(A')}$$

を求めればわかります。

$$= \frac{0.9 \times 0.01}{0.9 \times 0.01 + 0.03 \times 0.99} = 0.23$$

よって陽性を示した人のうち、実際に罹患者だったのは23%となります

10 hour	**8**	▶ 05
Statistics		

確率

事象の独立性

　複数の事象があるとき、それらの起こり方が互いに無関係ということがしばしばあります。たとえばサイコロを2回振った場合、1回目に出る目と2回目に出る目はお互いに無関係です。したがって、たとえば事象 $A = \{1$ 回目に5が出る$\}$ と $B = \{2$ 回目に6が出る$\}$ の起こり方は無関係です。

　2つの事象 A と B とが**独立**であるとは、

$$P(A \text{ かつ } B) = P(A)P(B)$$

が成り立つことと定義されます。この定義式の意味を考えてみましょう。そのため、上式が成り立つとします。両辺を $P(B)$ で割れば、

$$\frac{P(A \text{ かつ } B)}{P(B)} = P(A)$$

が成り立ちます。左辺は条件付き確率 $P(A \mid B)$ に等しいので、事象 A と B が独立ならば、

$$P(A \mid B) = P(A)$$

が成り立つことになります。この式は何を意味するでしょうか。たとえば、食事会の後で複数の食中毒者が出たとして、原因としてある料理が疑われているとします。事象 A と B をそれぞれ $A = \{$食中毒症状が出る$\}$ と $B = \{$その料理を食べる$\}$ と定義すると、

$P(A \mid B) = $ その料理を食べた人で食中毒症状を示した人の割合

$P(A) = $ 全出席者の中で食中毒症状を示した人の割合

となります。両者が等しければ明らかにその料理は食中毒の原因とは言えないでしょう。つまり、食中毒と料理が独立であるということであり、これも独立性の応用の1つです。

96

図表でわかる！ポイント

事象の独立性の例

ATM 1　　　ATM 2　　　ATM 3

2分以上待つ　　2分以上待つ　　2分以上待つ
可能性30%　　　可能性30%　　　可能性30%

どこか1カ所は
すぐ空くかも
しれない…

$A_1 = \{ATM1で2分以上待つ\}$
$A_2 = \{ATM2で2分以上待つ\}$
$A_3 = \{ATM3で2分以上待つ\}$

独立と
仮定
します

と置くと、この人物が2分以上待つ可能性は以下のとおり

$P(\{この人物が2分以上待つ\}) = P(A_1 かつ A_2 かつ A_3)$
$\qquad\qquad\qquad\qquad\qquad = P(A_1)P(A_2)P(A_3) \quad (独立性)$
$\qquad\qquad\qquad\qquad\qquad = 0.3 \times 0.3 \times 0.3$
$\qquad\qquad\qquad\qquad\qquad = 0.027$

3つ以上の事象の独立性の定義：
A、B、C、Dが独立であるとは、これらから任意個数
だけどのように選んでも、それらが同時に起こる
確率は各確率の積になる

10 hour	**9**
Statistics	

母集団を
記述する
確率分布

▶ 01

確率分布と
確率変数

　本章では**確率分布**という概念を説明します。**確率分布は母集団を
数学的に表現したものです**。サイコロを振るという試行を考えま
しょう。出目を X と置きますと、X は**変数**で $\{1,2,3,4,5,6\}$ のいず
れかの値を取ります。そしてそれぞれの値を取る確率は1/6です：

$$P(X=1)=1/6,\ P(X=2)=1/6,\cdots,\ P(X=6)=1/6$$

です。このように、取り得る値がわかっていて、そのすべてに確率
が与えられている変数を**確率変数**と言います。上のサイコロの例の
ように飛び飛びの値しか取らない確率変数を**離散型確率変数**、取り
得る値が連続的な確率変数を**連続型確率変数**と言います。

　上の定義からわかるように、**離散型確率変数は「取り得る値」と
「確率」の2つで決まります**。したがって、それは次のような表で
表現することができます。サイコロの出目の場合で書きますと、

x	1	2	3	4	5	6
$P(X=x)$	1/6	1/6	1/6	1/6	1/6	1/6

この表は X の取り得る値の1つひとつに対し、その確率を対応させ
たものです。これを **X の確率分布（X が従う確率分布）**と言います。
確率の合計が1になることに注意してください。

　確率分布（以下、**分布**）を一般的に書くと次のとおりです。X は
$a_1, a_2, \cdots, a_N$ なる値を取り得るとすると、X の分布は次のようです。

x	a_1	a_2	$\cdots$	a_N
$P(X=x)$	p_1	p_2	$\cdots$	p_N

図表でわかる！ポイント

確率変数とは？

離散型確率変数
(11章まではこちらのみを扱います)

→ 例：サイコロ

サイコロのように、1、2、3、4、…と飛び飛びの値を取る変数のこと。取り得る値が有限個(または無限個であっても可算無限)しかない

連続型確率変数
(11章で学びます)

→ 例：気温、身長・体重

気温や身長・体重などなど、小数点以下の値を細かくできる変数のこと。取り得る値が「ある区間内のすべての実数」となる

確率変数の性質(どの値をどれくらいの確率で取るか)は確率分布によって定められている。よって、確率分布を見れば確率変数の性質がわかる

10 hour	9	▶ 02
Statistics		**データとは？**

母集団を記述する確率分布

　前節では母集団の数学的表現である確率分布（分布）を定義しました。本節ではデータおよび標本を確率の概念を使って記述します。

　例として、サイコロの出目を X とすると、サイコロを振る前は X は確率変数であり、その分布は右頁の表のとおりとなります。サイコロを振ることによって、確率変数 X の値は1つの値（たとえば3）に定まります。これを **X の実現値** と言います。統計学では **データを確率変数の実現値** と定義します。たとえば、中1男子の体重の測定値として52.1kg、48.3kg、50.8kg というデータが得られたとすれば、これらはある分布に従う3つの確率変数 X, Y, Z の実現値である（つまり X は52.1に実現し、Y は48.3に、Z は50.8に実現した）と考えるのです。

　さて、600回サイコロを振った結果 $x_1, x_2, \cdots, x_{600}$ というデータが得られたとします。これは右頁の表の分布に従う600個の確率変数 $X_1, X_2, \cdots, X_{600}$ の実現値です。では600個の実現値のうち1, 2, $\cdots$, 6の目はそれぞれ何個くらいになるでしょうか。恐らくほとんどの方は、それぞれ大体100個くらいになると考えるのではないでしょうか。その根拠は表の分布でしょう。この分布はすべての値が同じ確率で現れます。そのため600個のデータからヒストグラムを作れば図に近いものになりそうだと考えるのは理にかなっています。

　このように **確率分布はデータの発生の仕方を記述する** ものです。確率分布が母集団（データの発生メカニズム）の数学的表現であるというのはこのことです。逆の見方をすれば、データは母集団の性質を反映している、したがって、データから母集団についての知識を得ることができるとも言えます。

図表でわかる！ポイント

表						
x	1	2	3	4	5	6
P(X=x)	1/6	1/6	1/6	1/6	1/6	1/6

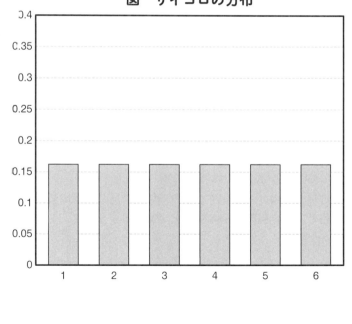

図 サイコロの分布

10 hour	9
Statistics	

▶ 03

確率分布の平均

母集団を
記述する
確率分布

　本節では**確率分布の平均**について解説します。確率分布の平均は、第4章で学んだデータの平均 M とは異なる概念であることに注意してください。実際、後述するようにサイコロの出目の確率分布（前節表）の平均は3.5ですが、サイコロの出目のデータの平均 M は実際にサイコロを投げてデータを取らなければ決まりません。

　確率変数 X は次の確率分布を持つ離散型確率変数とします。

x	0	1	2	3	4
$P(X=x)$	1/16	4/16	6/16	4/16	1/16

X の値の出方はこの分布によって定まっているので、これがどのような特性を持っているかは重要です。表や図を見ると、取り得る値は0,1,2,3,4であり、2を取る確率が最も高く、2を中心に左右対称に分布していることがわかります。しかし、このように形状を観察するだけでなく、数値によって確率分布を整理・要約することも必要でしょう。そこで、平均と分散の概念を確率分布にも拡大して、確率分布の中心と散らばりの指標を導くことにします。

　確率分布の平均は確率分布の中心の指標であり、**確率変数 X の取り得る値と、その確率の積の総和と定義されます。**上の分布の平均は次のように計算されます。

$$平均\ \mu = 0 \times \frac{1}{16} + 1 \times \frac{4}{16} + 2 \times \frac{6}{16} + 3 \times \frac{4}{16} + 4 \times \frac{1}{16} = 2$$

以後、確率分布の平均を μ（ミュー）という記号で表します。これは m（mean）に対応するギリシャ文字です。この分布の中心が $\mu = 2$ ということは直感的にも納得できます。

図表でわかる！ポイント

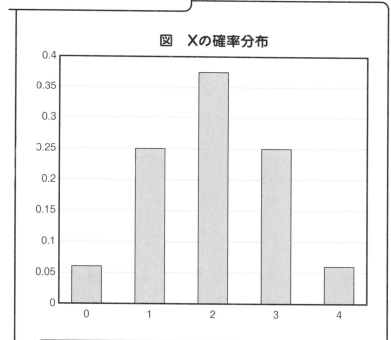

図 Xの確率分布

練習：次の分布の平均を求めよ

(1)

x	−1	0	1	2
P(X=x)	0.3	0.2	0.4	0.1

(2)

x	1	2	3	4	5	6
P(X=x)	1/6	1/6	1/6	1/6	1/6	1/6

答え：(1)0.3、(2)3.5

10 hour	**9**
Statistics	

母集団を
記述する
確率分布

▶ 04

確率分布の分散

　本節では確率分布の散らばりの指標として、**分散**と**標準偏差**を定義します。私たちはすでにデータの分散 S^2（5章2節）と標準偏差 s（5章3節）を知っています。データの分散は各測定値と平均 M の差を2乗し、それらを平均したものでした。そして標準偏差は分散の平方根でした。確率分布の分散と標準偏差も同様の考え方に基づいています。

　X は $a_1, a_2, \cdots, a_N$ なる値を取り得るとし、X の確率分布が右頁の表1のとおりであるとします。この確率分布の平均を μ と表します。**分散は取り得る値と平均 μ の差を2乗し、それらの確率での加重平均を取ったもの**と定義されます。つまり、

　　　分散 $\sigma^2 = (a_1 - \mu)^2 \times p_1 + (a_2 - \mu)^2 \times p_2 + \cdots + (a_N - \mu)^2 \times p_N$

です。分散の記号として σ^2（シグマ2乗）を用います。また、分散の平方根 $\sigma = \sqrt{\sigma^2}$ を標準偏差と定義します（σ は s に対応するギリシャ文字です）。標準偏差 σ は確率変数 X と同じ単位を持ちます。

　表2の確率分布の分散の計算は右頁のとおりであり、分散は $\sigma^2 = 1$、標準偏差は $\sigma = 1$ です。

　第4章のお話と同じように、標準偏差は X の変動を表すときの目盛の役割を果たします。たとえば、$\mu - \sigma \leqq X \leqq \mu + \sigma$ なる範囲を**1シグマ範囲**、$\mu - 2\sigma \leqq X \leqq \mu + 2\sigma$ なる範囲を**2シグマ範囲**などと言います。また、どのような確率分布であっても、X が k シグマ範囲 $\mu - k\sigma \leqq X \leqq \mu + k\sigma$ に入る確率は $1 - 1/k^2$ 以上であることが知られています（**チェビシェフの不等式**）。たとえば $k = 2$ とすれば、2シグマ範囲の確率はどんな確率分布であれ3/4以上であることがわかります。

104

図表でわかる! ポイント

表1				
x	α_1	α_2	…	α_N
P(X=x)	p_1	p_2	…	p_N

表2					
x	0	1	2	3	4
P(X=x)	1/16	4/16	6/16	4/16	1/16

平均 $\mu = 2$

表2の分散

$$\sigma^2 = (0-2)^2 \times \frac{1}{16} + (1-2)^2 \times \frac{4}{16} + (2-2)^2 \times \frac{6}{16} +$$

$$(3-2)^2 \times \frac{4}{16} + (4-2)^2 \times \frac{1}{16} = 1$$

参考:分散（S^2）の求め方

$$S^2 = \frac{1}{n}\{(x_1-M)^2 + (x_2-M)^2 + \cdots + (x_n-M)^2\}$$

10 hour	
Statistics	**9**

▶ 05

期待値

母集団を
記述する
確率分布

　前節で確率分布の平均 μ や分散 σ^2 を定義しました。これらの量は**期待値**という概念を用いるとより見通し良く理解することができます。例として X は前節同様に右頁表1の確率分布を持つものとします。X の確率分布の平均はすでに求めたとおり $\mu = 2$ です。これを**確率変数 X の期待値**とも言い、$E(X)$ と書きます。つまり、

$$E(X) = \mu = 2$$

です。「**X の期待値 $E(X)$**」と「**X の確率分布の平均 μ**」とは同じものです。若干の使い分けはありますが本書では気にしないことにします。

　期待値の便利な公式を紹介します。X を確率変数とし、X の実現値に5000円を掛けた金額（つまり5000X円）をもらえるとします。このとき、私たちは X よりも5000X の分布に興味を持つでしょう。特にその平均は重要です。それは期待値の記号で書けば $E(5000X)$ となります。

　このように、私たちはしばしば X そのものではなく、X を変換した量である $f(X)$ の期待値 $E\{f(X)\}$ に関心を持ちます。これは次の公式から求められます。一般の形で述べるため、X の分布を右頁表2で表すと、次のとおりです。

$$E\{f(X)\} = f(a_1) \times p_1 + f(a_2) \times p_2 + \ldots + f(a_N) \times p_N$$

右頁の例で練習をしてください。

　この公式を使うと、X の確率分布の分散 σ^2 が期待値を用いて、

$$\sigma^2 = E\{(X - \mu)^2\}$$

と書けることもわかります。分散を $V(X)$ と書くこともあります。

106

図表でわかる！ ポイント

表1					
x	0	1	2	3	4
P(X=x)	1/16	4/16	6/16	4/16	1/16

平均 $\mu = 2$

表2				
x	a_1	a_2	$\cdots$	a_N
P(X=x)	p_1	p_2	$\cdots$	p_N

練習：以下の2例の $E(X^2)$ と $V(X)$ を求めよ

(1)				
x	-1	0	1	2
P(X=x)	0.3	0.2	0.4	0.1

(2)						
x	1	2	3	4	5	6
P(X=x)	1/6	1/6	1/6	1/6	1/6	1/6

答え：(1) $E(X^2) = 1.1$、$V(X) = 1.01$

(2) $E(X^2) = \dfrac{91}{6}$、$V(X) = \dfrac{35}{12}$

9

母集団を記述する確率分布

10 hour	**▶ 01**
Statistics **10**	

離散型
確率分布

コイン投げと
ベルヌーイ試行

　本章では離散型確率分布の重要な例として、**2項分布**、**ポアソン分布**、**幾何分布**の3つを紹介します。7章5節で述べたとおり、これらは**コイン投げ**に基づいた分布です。本節ではコイン投げを確率の言葉で整理します。

　コイン投げとは、**コインを任意回投げる。その際、(ⅰ) 表が出る確率を p**（裏が出る確率を$1-p$）とし、**(ⅱ) 各回の表裏の出方は互いに独立である**、という2つの条件を満たす試行です。

　(ⅰ)(ⅱ) の仮定があればコインを複数回投げた結果の確率を求めることができます。たとえばコインを2回投げ、{1回目が表, 2回目が裏}（以後単に {表裏} と書きます）という事象の起きる確率は $p(1-p)$ となります。なぜなら、$A=\{1$回目に表が出る$\}$、$B=\{2$回目に裏が出る$\}$ と置くと、求めたい確率は $P(A$かつ$B)$ であり、(ⅰ) の条件より $P(A)=p$ と $P(B)=1-p$ が成り立ち、(ⅱ) の条件より A と B は独立となり、$P(A$かつ$B)=P(A)\times P(B)=p(1-p)$ が得られるからです。同様に計算して、

事象	{表表}	{表裏}	{裏表}	{裏裏}
確率	p^2	$p(1-p)$	$p(1-p)$	$(1-p)^2$

となります。コインを2回より多く投げる試行でも計算は同様です。たとえば、5回投げて最初の3回が表、次の2回が裏となる確率は $p^3(1-p)^2$ です。同様に考えれば、n 回投げて k 回が表、$n-k$ 回が裏の確率は $p^k(1-p)^{n-k}$ です。コイン投げのことを**ベルヌーイ試行**とも言います。その場合、表・裏を「**成功・失敗**」と呼びます。本書では引き続きコイン投げという用語を使います。

図表でわかる！ポイント

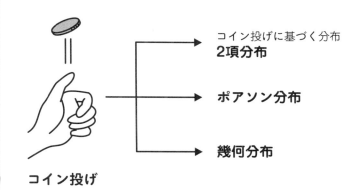

コイン投げに基づく分布
2項分布

ポアソン分布

幾何分布

コイン投げ

コイン投げとは……

任意の回数投げた際、
(i) 表が出る確率を p、裏が出る確率を (1−p)
(ii) 各回の表裏の出方は互いに独立という試行のこと

コイン投げをベルヌーイ試行とも言う

10 hour		▶ 02
Statistics	**10**	

離散型
確率分布

２項分布（１）

　２項分布は、表が出る確率が p のコインを n 回投げる試行におけ**る表の出る回数** X の分布です。この分布は**表が出る確率 p と投げる回数 n の２つで決まります**ので、$B(n,p)$ という記号で表します。B は「２項の」という意味の binomial の略です。

　たとえば、３割打者が10回打席に立つとき、ヒットを何回打つかを観測するとします。ヒットの回数 X は、コイン投げにおける「表」を「ヒット」と読み換えれば、「**表が出る確率が $p=0.3$ のコインを $n=10$ 回投げる試行における表の出る回数**」に相当します。したがってその分布は２項分布 $B(10, 0.3)$ で表されます。

　より一般的に、確率変数 X は２項分布 $B(n,p)$ に従っているとします。このとき、X の取り得る値は $0,1,\cdots,n$ のいずれかです。$X=k$ となる確率 $P(X=k)$ は次の式で表されます。

$$P(X=k)={}_nC_k p^k (1-p)^{n-k}\,(k=0,1,\cdots,n),\ ここに\ {}_nC_k=\frac{n!}{k!(n-k)!}$$

式の意味は次節で説明しますので、まず３割打者の場合である $B(10, 0.3)$ のグラフ（右頁）の形をご覧ください。ヒットの回数 X の取り得る値は０回から10回のいずれかで、$X=3$ となる確率が最も高い。これは直感と合致しています（３割打者が10回打席に立てば、多くの人はヒットの回数は３回くらいと考えるでしょう）。実際、２項分布 $B(n,p)$ の**平均 μ は、**

　　$\mu=np$

です。これは平均の定義から求められます（詳細は省略します）。これを用いると、３割打者のヒット数の平均は $\mu=10\times0.3=3$ となります。

110

図表でわかる！ポイント

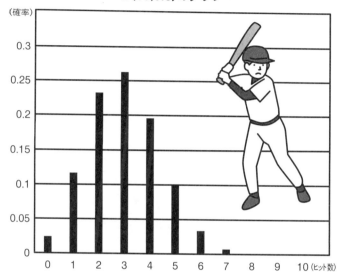

B(10,0.3)のグラフ

2項分布とは……

表が出る確率がpのコインをn回投げるときに、表の出る回数Xの分布のこと。B(n,p)という形で表す

→3割打者が10打席入った際のヒットの回数の分布はB(10,0.3)

	10 hour	
	Statistics	**10**

▶ 03

2項分布（2）

**離散型
確率分布**

　$B(n,p)$ の分散 σ^2（9章2節）と標準偏差 σ（9章3節）はそれぞれ、

$$\sigma^2 = np(1-p), \quad \sigma = \sqrt{np(1-p)}$$

であることが示されます。

　例として今度は $B(100, 0.5)$ について考えます。歪みのないコインを100回投げるときの表が出る回数の分布です。平均は $\mu = 100 \times 0.5 = 50$ 回です。これは直感と一致します。では、どれくらいばらつくでしょうか。40回以下になることや70回以上になることは珍しいことでしょうか。分散を計算して調べましょう。上式より、分散は $\sigma^2 = 100 \times 0.5 \times 0.5 = 25$、標準偏差は $\sigma = \sqrt{25} = 5$ ですので、2シグマ範囲は、

$$\mu - 2\sigma = 50 - 2 \times 5 = 40 \text{以上}, \quad \mu + 2\sigma = 50 + 2 \times 5 = 60 \text{以下}$$

という範囲です。$n = 100$ の場合、2シグマ範囲の確率は大体95%となります（右頁表）ので、この範囲を外れることは稀と考えてよいでしょう。

　最後に確率分布の式を説明します。ポイントは式の中にある組み合わせの数 $_nC_k$ です。これは「n 個の異なるものから k 個を選ぶ選び方の数」です（右頁参照）。このことを用いて、$B(n,p)$ において $X = k$ となる確率が $P(X = k) = {_nC_k}\, p^k (1-p)^{n-k}$ となることを確認しましょう。まず10章1節で見たとおり、n 回のうちちょうど k 回表が出る確率はどのパターンであっても $p^k (1-p)^{n-k}$ です。ではこれは何パターンあるかと言えば $_nC_k$ 通りです。したがって、$p^k (1-p)^{n-k}$ に $_nC_k$ を掛けた値が求める確率となります。

図表でわかる！ポイント

表　コインを100回投げた際のデータ					
n	100	100	100	100	100
p	0.2	0.4	0.5	0.7	0.9
平均 np	20	40	50	70	90
分散 np(1−p)	16	24	25	21	9
標準偏差	4	4.90	5	4.58	3
2シグマ区間の下限	12	30.20	40	60.83	84
2シグマ区間の上限	28	49.80	60	79.17	96
確率	0.967	0.968	0.965	0.963	0.972

図　組み合わせの数 $_nC_k$

組み合わせの数とは、

$$_nC_k = \frac{n!}{k!(n-k)!}$$

なる数のこと（n!はnの階乗。たとえば5!＝5×4×3×2×1＝120）。これは「n個の異なるものからk個を選ぶ選び方（組み合わせ）の数」である。たとえば5人からなる班から2人の代表を選ぶ場合、$_5C_2$＝10通りの選び方がある

10 離散型確率分布

04

ポアソン分布

10 hour	**10**
Statistics	

離散型
確率分布

　不良品率が0.01%（＝1/10000）の生産工程があるとし、1日に約2万個の製品を生産するものとします。この生産工程を1日動かしたときの不良品数 X は、表が出る確率が $p = 1/10000$ のコインを2万回投げる試行における表の出る回数と同一視することができますので、2項分布 $B(20000, 0.0001)$ で表すことができます。この分布の平均は $\mu = 20000 \times 1/10000 = 2$（個）、つまり1日当たり2個程度の不良品が見込まれます。

　このように稀な現象も2項分布 $B(n, p)$ で記述することができますが、n と p が極端な値であるため具体的な計算が面倒であるという難点があります（試しに式を書いてみるとわかります）。この場合、**ポアソン分布**という確率分布が役に立ちます。ポアソン分布は、

$$P(X = k) = e^{-\alpha} \frac{\alpha^k}{k!} \quad (k = 0, 1, 2, \cdots), \ e = 2.71828\cdots$$

という確率分布です。この確率分布は α という数字で決まりますので $Po(\alpha)$ という記号で表されます。右頁に $\alpha = 2, 5, 10$ のグラフがあります。いずれも α のところに峰のピークがありますから、α の近くの値が出やすいようです。実際、**α はポアソン分布 $Po(\alpha)$ の平均**である、つまり $\mu = \alpha$ であることが示されます。なお**分散（5章2節）と標準偏差（5章3節）はそれぞれ α と $\sqrt{\alpha}$** となります。

　ポアソン分布 $Po(\alpha)$ を使うときは平均 α の値を選ぶ必要がありますが、上記からわかるように、まず2項分布 $B(n, p)$ を選び、平均を揃えて（つまり $\alpha = np$ として）、$Po(np)$ を用いるのが自然なやり方です。不良品率の場合は、$\alpha = np = 20000 \times 1/10000 = 2$ が選ばれます。

114

図表でわかる！ポイント

ポアソン分布は2項分布の極限として得られます。つまり、$np=\alpha$としてαを一定としつつ、$n\to\infty$としたとき、

$$_nC_k p^k (1-p)^{n-k} \longrightarrow e^{-\alpha}\frac{\alpha^k}{k!}$$

となることが示されます

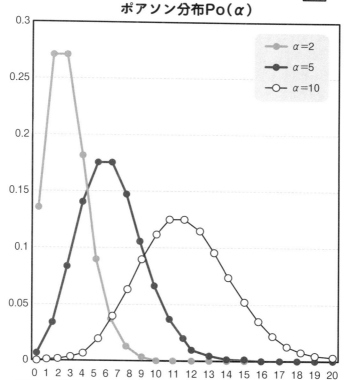

ポアソン分布Po(α)

- $\alpha=2$
- $\alpha=5$
- $\alpha=10$

αの近くに峰のピークがある。ポアソン分布の平均がαであることがこのグラフからも読み取れる

10 離散型確率分布

```
10 hour    10
Statistics
離散型
確率分布
```

▶ 05

幾何分布

　自然災害など予測が困難な事象は、発生回数だけではなく、発生間隔、特に「次にいつ起こるか」が関心の対象となります。ある予測困難な災害を考え、それが平均して m 年に 1 度程度の割合で起こるものとします。その災害が次に起こるのは今から X 年目の時点であるとしますと、X は $1, 2, \cdots$ の値を取り得る離散型確率変数であり、その確率分布はコイン投げの試行で記述することができます。すなわち、

　　　表＝災害が起こる、表が出る確率 $p = 1/m$

とし、X＝初めて表が出る回、と読み換えればよいのです。たとえば、$X = 3$ であれば 3 年目に災害が起こると解釈されます。このとき、X の確率分布は次のとおりとなります：

　　　$P(X = k) = p(1-p)^{k-1} \ (k = 1, 2, \cdots)$

これを**幾何分布**と言います。グラフは右頁のとおりです（初項 p、公比 $1-p$ の幾何（等比）数列になっています）。幾何分布は表が出る確率 p を決めると 1 つ決まりますので、$Ge(p)$ という記号で表されます。たとえば、確率変数 X をサイコロを投げ続けて初めて 1 の目が出る回と定義すると、X の確率分布は $p = 1/6$ の幾何分布 $Ge(1/6)$ となります。

　X の確率分布が $Ge(p)$ であるとき、k 回以内に表が出る確率は、

　　　$P(X \leqq k) = 1 - (1-p)^k$

という公式が成り立ちます。

　また、幾何分布 $Ge(p)$ の平均は $1/p$、分散は $(1-p)/p^2$ となります。

図表でわかる! ポイント

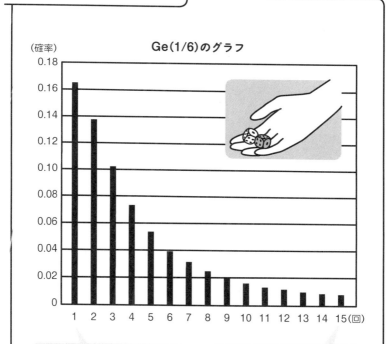

Ge(1/6)のグラフ

サイコロを振った際、最初に「1」が出る確率

サイコロを振った際、15回目に初めて「1」が出る確率

例として、100年に1度の災害が5年以内に起こる確率は次のようにして求められる。左頁の公式でp=1/100、k=5として、

$1-(0.99)^5=0.049$

つまり約5％であることがわかる

01
連続型確率変数

10 hour	11
Statistics	

連続型
確率分布

9章1節で述べたとおり、確率変数には**離散型**と**連続型**があります。前章までは離散型確率変数、つまり飛び飛びの値しか取らない確率変数を扱ってきました。本章では**連続型確率変数**、すなわち連続的な値を取り得る確率変数について扱います。

円周が1のルーレットを回すという試行を考えましょう。ルーレットの針の位置を X としますと、X は $0 \leqq X < 1$ の範囲に値を取る確率変数です（右頁）。0以上1未満のすべての実数が実現する可能性があります。そして実際にルーレットを回せば、X は0.5や0.674などといった値に実現します。このように**連続的な値を取り得る確率変数を連続型確率変数**と言い、その確率分布を**連続型確率分布**と言います。身長や体重、気温なども連続型です。また為替レートや売上高、GNP なども近似的に連続型として扱われます。

離散型確率変数 X は取り得る値の1つひとつに確率 $P(X = k)$ を対応させることができましたが、連続型の場合はそのようにして確率分布を記述することができません。なぜなら、取り得る値が無数に存在するからです（たとえば0以上1未満の実数は無数にあります）。したがって、1つひとつの値ではなく、任意の区間 $a \leqq X \leqq b$ に対して確率を対応させます。たとえばルーレットの場合は、

$$P(a \leqq X \leqq b) = b - a$$

となります。実際、上式を使うと任意の区間の確率が計算でき、たとえば $P(0 \leqq X \leqq 0.5) = 0.5$ や $P(0.2 \leqq X \leqq 0.5) = 0.3$ などが導かれます。

図表でわかる！ ポイント

ルーレットの針はサイコロの目のように、
取り得る値が1、2、3、…ではなく、1、1.001、1.002、…
というように、限りなく連続する値を取るため、
その確率変数は連続型となる

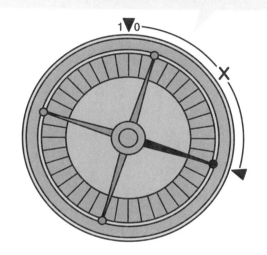

サイコロの目が取り得る値は飛び飛び(離散型)

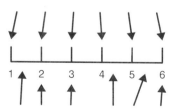

1.3℃、2℃、4.23℃など、気温が取り得る値は
理論上連続的(連続型)

	▶ 02
10 hour ─── **11** Statistics	

確率密度関数

連続型
確率分布

連続型分布の場合、**確率は面積で表現されます。**具体的に言いますと、連続型確率変数 X が a 以上 b 以下となる確率 $P(a \leqq X \leqq b)$ をある関数 $p(x)$ の a から b までの範囲の面積（積分）、

$$P(a \leqq X \leqq b) = \int_a^b p(x)\,dx$$

で表現します。この関数 $p(x)$ を X の**確率密度関数**と言います（右頁図1）。たとえば、前節で扱ったルーレットの針の位置 X の確率密度関数は、

$$p(x) = 1 \quad (0 \leqq x < 1), \quad 0 \quad (それ以外)$$

です（図2）。ルーレットは0以上1未満のすべての値が同じ確からしさで実現するので、仮にルーレットの試行を多数回行うことができれば、そのヒストグラムはたとえば図3のような感じになると考えられます（全面積を1とします）。さらに繰り返せば、このヒストグラムは上記の確率密度関数に近づくでしょう。ここからわかるように、確率密度関数はその試行を無限回行ったとしたときの（仮想的な）ヒストグラムに当たります。**確率変数の性質は確率密度関数によって定まります。**

連続型の分布に対しても平均や分散、標準偏差などが定義されますので、これらを列挙しておきます。下式では X の範囲を A 以上 B 未満として書きます。

平均 $\mu = \int_A^B x p(x)\,dx$、**分散** $\sigma^2 = \int_A^B (x - \mu)^2 p(x)\,dx$、**標準偏差** $\sigma = \sqrt{\sigma^2}$

です。また、X を $f(X)$ と変換した量の**期待値**を $E\{f(x)\} = \int_A^B f(x)\,p(x)\,dx$ とします。

図表でわかる！ポイント

図1

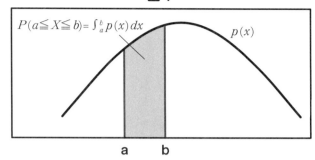

$P(a \leqq X \leqq b) = \int_a^b p(x)\,dx$

図2 ルーレットの密度関数

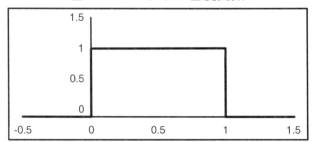

図3

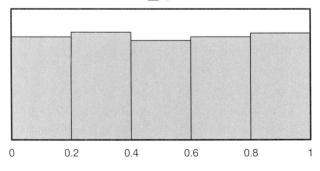

$$\frac{\text{10 hour}}{\text{Statistics}}11 \quad \blacktriangleright 03$$

一様分布

**連続型
確率分布**

　前の２つの節でルーレットの例を用いましたが、これは**一様分布**と言う大変有用な確率分布です。一様分布はある範囲（A 以上 B 未満とします）の値がすべて等しい確からしさで実現するという分布で、$U(A,B)$ という記号で表します。ルーレットの例は $U(0,1)$ です。

　確率変数 X は一様分布 $U(A,B)$ に従うとします。このとき X の確率密度関数は、

$$p(x) = \frac{1}{B-A} \ (A \leqq x < B)$$

となります。実際、多数回観測することができればヒストグラムは右図のような感じになるでしょう。

　平均 μ を計算してみます。

$$\mu = \int_A^B x \frac{1}{B-A} \, dx = \frac{1}{B-A} \int_A^B x dx = \frac{1}{B-A} \left[\frac{x^2}{2} \right]_A^B$$

$$= \frac{1}{B-A} \left[\frac{B^2 - A^2}{2} \right] = \frac{1}{B-A} \times \frac{(B-A)(B+A)}{2} = \frac{A+B}{2}$$

となり、A と B のちょうど中点が平均となります。また分散は $\sigma^2 = (B-A)^2/12$ となります（計算は省略します）。したがって、$A=0$、$B=1$ とすれば、ルーレット $U(0,1)$ の平均は1/2、分散は1/12、標準偏差は $1/\sqrt{12}(\fallingdotseq 0.29)$ となります。

　一様分布は待ち時間のモデルとしても用いられます。たとえば、ある事象は今から１時間以内に起こるのは確実だが１時間のうちのいつ起こるかはわからない場合、待ち時間 X は一様分布 $U(0,1)$ に従うと考えられます。また、一様分布は**乱数の生成**にも用いられます。

122

図表でわかる！ポイント

U(A,B)からの観測値の ヒストグラムの例

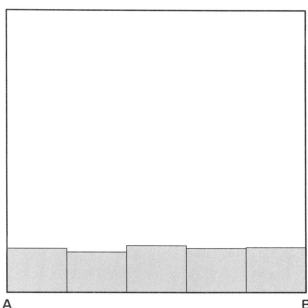

上の図はU(A,B)からの観測値のヒストグラムの概念図である。たとえばルーレットの出目（観測値）を多数回観測した場合、その出目のヒストグラムは上の図のように、多少の差異はあっても、おおむね等しくなる。観測回数を多くすれば多くするほど、各柱の差異はより小さいものになっていく

10 hour	**11**
Statistics	

▶ 04

正規分布（1）

**連続型
確率分布**

　正規分布は、身長や胸囲などの身体測定値、測定誤差など様々な場面に現れます。また、対数変換などを施すことによって正規分布に従う変量も多くあります。正規分布の確率密度関数とその形状は右頁の図１のとおりです。その特徴は、**左右対称**であることと、**釣鐘型**であることの２点です。釣鐘型であるとは、峰のピークの近くでは勾配は緩やかで、その後徐々に急になり、裾に近くなると再び緩やかになるというような形状を言います。

　平均 μ、分散 σ^2 の正規分布を $N(\mu, \sigma^2)$ という記号で表します。たとえば $N(0,1)$ は平均 0、分散 1 の正規分布です（これを**標準正規分布**と言います）。

　右頁の図１において、峰のピークに当たる点が平均 μ です。その点から標準偏差 σ の大きさだけ外側に進むと曲線の形状が上に凸の形から下に凸の形へと入れ替わります。各**シグマ範囲**の確率は、

1シグマ範囲　　$\mu - \sigma \leqq X \leqq \mu + \sigma$　　**確率68.3%**

2シグマ範囲　　$\mu - 2\sigma \leqq X \leqq \mu + 2\sigma$　　**確率95.4%**

3シグマ範囲　　$\mu - 3\sigma \leqq X \leqq \mu + 3\sigma$　　**確率99.7%**

となります。正規分布の場合、３シグマ範囲を外れる確率は1000に３つ（千三つ）であり、ほとんどゼロであることがわかります。

　例として、小１児童の身長（cm）の確率分布が $N(118,6^2)$ であるとすれば、118 ± 6 cm の範囲に68.3%、118 ± 12 cm の範囲に95.4%の児童が含まれることになります。また、$\mu + 1.64 \times \sigma$ **以上となる確率は５%**となりますのでぜひ覚えておいてください。これを使えば、$118 + 1.64 \times 6 = 127.84$ cm 以上の児童が背の高いほうから５％の層をなすことがわかります。

図表でわかる！ポイント

正規分布

$$P(x) = \frac{1}{\sqrt{2\pi}\,\sigma}\, e^{-\frac{(x-\mu)^2}{2\sigma^2}}$$

$$E(x) = \mu,\ V(X) = \sigma^2$$

図1 $N(\mu, \sigma^2)$ の密度関数

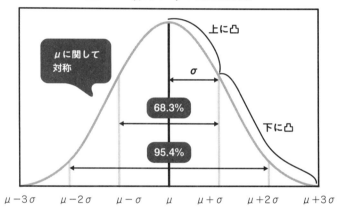

上に凸
μに関して対称
σ
68.3%
下に凸
95.4%

$\mu-3\sigma \quad \mu-2\sigma \quad \mu-\sigma \quad \mu \quad \mu+\sigma \quad \mu+2\sigma \quad \mu+3\sigma$

図2 $N(0,1)$ の密度関数

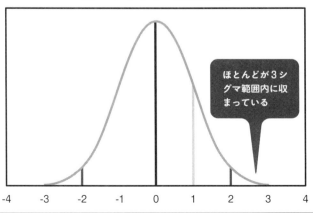

ほとんどが3シグマ範囲内に収まっている

-4　-3　-2　-1　0　1　2　3　4

$$\frac{\text{10 hour}}{\text{Statistics}} 11$$

▶ 05

正規分布（2）

連続型
確率分布

　正規分布の最も重要な点は、「確率変数 X が正規分布に従うのならば、そのスケールを変えても正規分布に従う」ということです。正確に言いますと、**X の分布が $N(\mu, \sigma^2)$ ならば、$Y = aX + b$ の分布は $N(a\mu + b, a^2\sigma^2)$ となる**ということです。使い方を練習しましょう。たとえば小学生の身長 X(cm) の分布は $N(118, 6^2)$ であるとします。X をメートル単位に直しますと、$Y = 0.01X$ となりますので、その分布は $N(1.18, (0.06)^2)$ となります。

　同様に計算すれば、X の分布が $N(\mu, \sigma^2)$ であるとき、その**標準化**

$$Z = \frac{X - \mu}{\sigma} \quad \cdots\cdots (1)$$

の確率分布は標準正規分布 $N(0,1)$ となることがわかります。つまり、元の正規分布がどのようなものであっても、(1) 式のように変形すれば標準正規分布に変換できるのです。確率計算をする際はこの性質を利用します。

　簡単な数値例を用いて練習しましょう。X の分布は $N(50, 10^2)$ であるとし、$P(40 \leqq X \leqq 65)$ を求めましょう。上で見たとおり、$Z = (X - 50)/10$ は $N(0,1)$ に従います。$40 \leqq X \leqq 65$ は50を引き10で割れば、

$$\frac{40 - 50}{10} \leqq \frac{X - 50}{10} \leqq \frac{65 - 50}{10} \quad \text{すなわち} \quad -1 \leqq Z \leqq 1.5$$

と変形できますので、$P(40 \leqq X \leqq 65) = P(-1 \leqq Z \leqq 1.5)$ が成り立ちます。右辺の確率は標準正規分布です。つまり、任意の正規分布を標準正規分布に帰着させることができるのです。標準正規分布の確率は Excel などで簡単に計算することができます。

126

図表でわかる！ポイント

正規分布と標準化

Xが正規分布に従うならば、aX+bも正規分布に従います。
たとえばXはN(50,100)に従うとします。

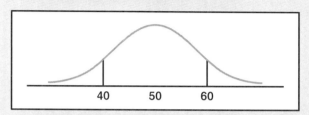

このときX+10はN(60,100)に従い、

$\dfrac{X-50}{10}$ はN(0,1)に従います

練習：XがN(50,100)に従うとき、2X、2X+50、$\dfrac{X-50}{10}$の分布を求めよ
答え：順にN(100,400)、N(150,400)、N(0,1)

ExcelではP(a≦Z≦b)は"＝normsdist(b)−normsdist(a)"として求められる。これを使うとP(−1≦Z≦1.5)＝0.819がわかるので、これが求める確率である。13章5節の数表も利用できる

11 連続型確率分布

第 4 部

10 hour ⊙

Statistics

データに基づいて判断する

第4部のねらい

データから母集団を推測する方法に「推定」と「検定」があります。推定とは母集団の平均（母平均）や分散（母分散）をデータから当てようとする方法です。また、検定は母集団に関して2つの仮説を立て、データに基づいて、より正しいと思われる一方の仮説を選択することです。推定と検定を効率的に行うためには、標本が母集団から無作為に抽出されている必要があります。このような標本を無作為標本と言います。第4部の前半（12～15章）では無作為標本に基づいて母集団への推測を行うための基礎を概説します。16章以降は応用に当たりますので、どの順にお読みいただいても構いません。

10 hour	12
Statistics	

無作為標本

▶ 01

確率変数の独立性

　第7章で詳しく述べたとおり、私たちは手中のデータを**母集団**から抽出された**標本**と見なします。無作為抽出によって得られた標本すなわち**無作為標本**は言わば母集団の「代表値」であり、母集団の縮図になっていることが期待されます。このことは、無作為標本に基づいて母集団に関する推測を行うことの1つの根拠となります。

　さて、7章3節では、無作為標本を母集団の各個体が等しい確率で抽出されることで得られる標本と定義しました。有限母集団の場合はこの定義で十分です（30人の個体からなる母集団から7人を抽出するのであれば、各個体が7/30の確率で抽出されるようにすればよい）。しかし、母集団の個体数が無限の場合はこの定義ではうまくいきません。無限母集団も扱えるように無作為標本の定義を一般化する必要があります。母集団は確率分布ですので確率の概念を用いて定義します。

　そのための準備としてまず**確率変数の独立性**を定義します。ここでは離散型確率変数（9章1節）で説明しますが、連続型（11章1節）でも同様です。**離散型確率変数 X と Y が互いに独立であるとは、X と Y の取り得る値のすべてに対して、**

$$P(X = x \text{ かつ } Y = y) = P(X = x)P(Y = y)$$

が成り立つことであると定義します。 この定義は、事象の独立性の定義（8章5節）に関連しています。2つの事象 A と B が互いに独立であるとは $P(A \text{ かつ } B) = P(A) \times P(B)$ が成り立つことでした。変数 X と Y が独立であるとは、両確率変数の取り得る値のすべてに対して事象 $A = \{X = x\}$ と $B = \{Y = y\}$ が独立になることであるとも言えます。確率変数が3つ以上の場合も同様です。

図表でわかる! ポイント

事象の独立性とは

事象の独立性とは、たとえばサイコロを2回振って1回目に出た数字が2回目に振って出た数字に何にも影響を与えないということでした

10 hour	
Statistics	**12**
無作為標本	

▶ 02

無作為標本の定義

　本節では無作為標本の定義を考えます。n 個の確率変数 X_1, X_2, $\cdots$, X_n が母集団（正規分布や 2 項分布など）からの**無作為標本**であるとは、次の 2 つの条件が成り立つことを言います。

　（i）$X_1, X_2, \cdots, X_n$ は独立である（**独立性**）

　（ii）$X_1, X_2, \cdots, X_n$ のそれぞれは同じ分布に従う（**同一分布性**）

また、n を**標本の大きさ**と言います。

　たとえば、X_1, X_2, $\cdots$, X_{100} は20代男性100人の身長の測定値（cm）の集まりであるとします。母集団を「20代日本人男性全体」とし、平均身長が170cm、標準偏差が 5 cm の正規分布 $N(170,5^2)$ で表されるとします。このとき、X_1, X_2, $\cdots$, X_{100} が母集団 $N(170,5^2)$ からの無作為標本であるとは、X_1, X_2, $\cdots$, X_{100} が互いに独立に同一の正規分布 $N(170,5^2)$ に従う、ということです。

　この身長の例において、（i）の独立性の条件は、測定対象者が無作為に選ばれなければならないことを意味しています。たとえば、測定対象となる100人を選ぶ際、同じ運動クラブに属する人ばかりを集めたり、一部の測定対象者に友達や兄弟を連れてくることを許したりしますと、測定値の間に相関が生じ、独立性が成り立ちません。そのようなことを排除するための条件が（i）です。また、（ii）の同一分布性の条件は、すべての測定値が同一の母集団から採られなければならないことを意味しています。つまり、測定対象者は20代の男性に限られ、性別や年齢、国籍が異なる人は含まれてはいけないということです。

132

図表でわかる! ポイント

無作為標本

無作為標本であるには…

(i)独立性

→測定対象者に友達や兄弟などを
連れてこさせてはいけない。
測定値に相関が生じ、独立性が損なわれる

友達

兄弟

(ii)同一分布性

→すべての測定値は同一母集団から
採らなければならない。
男性が対象ならそこに女性を入れてはならない

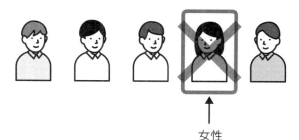

女性

10 hour	
Statistics	**12**
無作為標本	

▶ 03

標本平均と
標本分散

　正規分布 $N(\mu, \sigma^2)$ やポアソン分布 $Po(\alpha)$ などこれまで学んだ確率分布は μ, σ, α の値がわかれば1つ定まります。このような値を**母数**と言います。母数は平均や分散の役割を持つ場合が多く、実際、μ と σ^2 は正規分布の平均と分散であり、α はポアソン分布の平均です。

　母集団となる確率分布の平均や分散をそれぞれ**母平均**、**母分散**と呼びます。前節の身長の例では、母集団は $N(170, 5^2)$ ですから、母平均は170cm、母分散は 5^2 です。これらはそれぞれ20代男性全体の身長の平均、分散と解釈されます。

　多くの実際的問題では、母平均や母分散などの母数は未知であり、分析者はこれらを知りたい（推定したい）と考えています。上の身長の例において、母数が未知ならば母集団は $N(\mu, \sigma^2)$ と表されます。本章以下では、$N(\mu, \sigma^2)$ からの大きさ n の無作為標本 X_1, $X_2, \cdots, X_n$ があるとし、この標本に基づいて母平均 μ と母分散 σ^2 を推定する問題を考えます。選ばれた n 個の測定値 $X_1, X_2, \cdots, X_n$ からなる標本の平均と分散、

$$M = \frac{1}{n}(X_1 + X_2 + \cdots + X_n),$$
$$S^2 = \frac{1}{n}\left\{(X_1 - M)^2 + (X_2 - M)^2 + \cdots + (X_n - M)^2\right\}$$

をそれぞれ**標本平均**、**標本分散**と言います。標本平均 M の値は母平均 μ の値に近い（$M \fallingdotseq \mu$）、標本分散 S^2 の値は母分散 σ^2 に近い（$S^2 \fallingdotseq \sigma^2$）と考えて、標本平均で母平均を、標本分散で母分散を推定するのが1つの自然な方法です。

図表でわかる！ポイント

未知の母数を推定する

身長の母集団からの大きさ7の無作為標本173.5, 168.5, 164.5, 167.5, 166.5, 170.0, 169.0 (cm)が得られたとしますと、標本平均は(173.5+168.5+…+169.0)/7＝168.5 cmとなります。よって母平均は168.5 cmと推定されます。この推定法は次節でご説明する不偏性という「良さ」を持っています

12 無作為標本

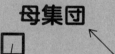

母数不明

母数が未知の母集団からの無作為標本があるとし、この標本の平均と分散を母平均、母分散に近いと考える

→標本平均で母平均、標本分散で母分散を推定する

標本平均や標本分散のように標本から計算される量を統計量と呼ぶ。特に推定に用いる統計量を推定量と言う。つまり、標本平均Mはμの1つの推定量であり、標本分散S^2もσ^2の1つの推定量である

$$\frac{\text{10 hour}}{\text{Statistics}} 12$$

無作為標本

▶ 04

不偏性

　本節では不偏性という観点から、母平均や母分散を推定について
さらに知識を深めます。準備として期待値に関する公式を紹介しま
す。**X、Y を確率変数とし、a、b を定数としますと、**

$$E\{aX + bY\} = aE(X) + bE(Y) \cdots\cdots (1)$$

が成り立ちます（和の期待値は期待値の和）。これを繰り返し使い
ますと n 個の確率変数の和についても同様の結果が成り立つことが
わかります。これより次の定理が導かれます。

　定理 1（標本平均の不偏性）：X_1, X_2, $\cdots$, X_n は母平均 μ、母分
散 σ^2 からの無作為標本であるとする。このとき標本平均 $M = (X_1 + X_2 + \cdots + X_n)/n$ は、$E(M) = \mu$ を満たす。（定理終）

　この定理の意味は次のとおりです。M は母平均 μ の推定量であり
$M \fallingdotseq \mu$ となることが期待されますが、抽出されたデータ次第で様々
な値を取り得ます（ばらつきます）。しかし、無作為抽出されてい
る限り、そのばらつきの中心は推定対象である μ に等しいというこ
とをこの式は意味しています。この性質を**不偏性**と呼び、不偏性を
持った推定量を不偏推定量と言います。つまり、**標本平均は母平均
の不偏推定量**です。

　では標本分散は母分散の不偏推定量でしょうか。証明は省略しま
すが、s^2 ではなく、分母を $n-1$ で置き換えた、

$$s^2 = \frac{1}{n-1}\Big\{(X_1 - M)^2 + (X_2 - M)^2 + \cdots + (X_n - M)^2\Big\}$$

が σ^2 の不偏推定量であること、すなわち $E(s^2) = \sigma^2$ を満たすことが
知られています。以後、s^2 のほうを**標本分散**と呼ぶことにします。

図表でわかる！ポイント

不偏性とは？

定理1の内容を数値実験によって説明します。
正規分布 N(5,4)に従う乱数を6個発生させたところ、

$$3.0 \quad 5.1 \quad 6.7 \quad 3.2 \quad 3.8 \quad 5.8$$

が得られました。これはN((5,4)なる母集団からの
大きさ6の無作為標本と見なすことができます。
その標本平均は母平均μ=5に近い値であることが期待されます。
この標本(標本1とします)の標本平均は、

$$M=4.6$$

でした。続いて、大きさ6の無作為標本をもう9個作り、
それぞれ標本平均を計算したところ次の結果が得られました。

標本2	0.8	4.9	5.6	6.1	7.7	5.0	(標本平均 M=5.0)
標本3	1.8	5.7	3.7	7.7	6.1	4.1	(標本平均 M=4.9)
標本4	6.5	4.9	3.8	3.4	5.3	0.2	(標本平均 M=4.0)
標本5	3.7	5.5	6.0	0.9	7.6	3.0	(標本平均 M=4.5)
標本6	6.9	8.0	6.5	2.4	9.5	7.0	(標本平均 M=6.7)
標本7	3.9	8.1	1.8	7.4	6.9	4.4	(標本平均 M=5.4)
標本8	2.9	11.0	6.0	6.7	5.0	6.2	(標本平均 M=6.3)
標本9	2.2	5.0	5.0	4.7	6.8	5.0	(標本平均 M=4.8)
標本10	5.4	4.3	4.8	5.1	5.9	2.3	(標本平均 M=4.6)

これら10個の標本平均Mは、抽出された標本によってばらつきはありますが、定理1によって$E(M)=\mu$が成り立ちますので、そのばらつきの中心は母平均5です。それは下の図からもうかがえますし、これら10個の標本平均の平均が、

$$(4.6+5.0+\cdots+4.6)/10=5.1$$

となることにも表れています

標本平均のばらつき

▶ 05

<table>
<tr><td>10 hour
Statistics
無作為標本</td><td>12</td></tr>
</table>

標本平均の分布

　前節の結果は母集団がどのような確率分布でも成り立つというところに価値があります。つまり母集団が何であれ、無作為標本の標本平均は母平均の不偏推定量となるということです。母集団が正規分布であればより強いことが言えます。

　定理2：X_1, X_2, $\cdots$, X_n は正規分布 $N(\mu, \sigma^2)$ からの無作為標本であるとする。このとき標本平均 $M=(X_1+X_2+\cdots+X_n)/n$ の分布は $N(\mu, \sigma^2/n)$ である。

　この定理より、**母集団が正規分布のときは標本平均も正規分布に従う**ことがわかります。これにより様々な確率計算が可能となります。たとえば、20代男性の身長の母集団が正規分布 $N(\mu, 5^2)$ で表されるとし、無作為に選ばれた100人の身長の測定値 X_1, X_2, $\cdots$, X_{100} があるとします。では、標本平均 M で母平均 μ を推定する際の推定誤差 $|M-\mu|$ はどれくらいの大きさでしょうか。定理2より M は $N(\mu,(0.5)^2)$ に従います。標準偏差は0.5ですので、たとえば2シグマ範囲を計算しますと $\mu-1 \leqq M \leqq \mu+1$ となります。これは $|M-\mu| \leqq 1$ とも書けます。したがって、確率95.4%で推定誤差が 1 cm 以下となることがわかります。

　実は、母集団が正規分布でなくとも、データが十分に多いときは上の定理が近似的に成り立つことが知られています。これを**中心極限定理**と言います。

　定理3（中心極限定理）：X_1, X_2, $\cdots$, X_n は母平均 μ、母分散 σ^2 からの大きさ n の無作為標本であるとする。n が大きくなるに従って、標本平均 $M=(X_1+X_2+\cdots+X_n)/n$ の分布は $N(\mu, \sigma^2/n)$ にいくらでも近づく（収束する）。

図表でわかる! ポイント

未知の μ を M で推定するとき、$M-\mu$ の値は「推定の外れ具合」を意味します（これが 0 ならどんぴしゃり当たりです）。この値が正でも負でも外れという点では同じですから、絶対値をつけて $|M-\mu|$ を推定誤差と定義します

練習：定理2を応用して、次の分布を求めよ

（ⅰ）X_1、X_2、X_3 は M(10,9) からの無作為標本とする

このとき標本平均 $N = \dfrac{X_1 + X_2 + X_3}{3}$ の分布を求めよ

（ⅱ）X_1、X_2、X_3、X_4、X_5 は N(50,250) からの無作為標本とする

このとき標本平均 $M = \dfrac{X_1 + X_2 + X_3 + X_4 + X_5}{5}$ の分布を求めよ

答え：順に N(10,3)、N(50,50)

中心極限定理を用いると、母集団が正規分布でなくとも、データ数の大きいときは、標本平均が正規分布に従うとして確率計算ができるようになる

$$\frac{10 \text{ hour}}{\text{Statistics}} \mathbf{13}$$

推定 1

▶ 01

点推定と区間推定

　本章と次章では**推定**の方法について解説します。推定とは母平均や母分散などの母数を当てようとする（近似値を求める）ことです。

　推定は大きく分けて、**点推定**と**区間推定**とがあります。どちらも前章ですでに例を学んでいます。12章3節の右頁では、標本平均 M の値を用いて母平均 μ を168.5cm と推定しました。このように母数を1つの値で推定する推定方式を**点推定**と言います。

　また、12章5節では母平均 μ を確率95.4%で含む区間を求めました。このように、母数を一定の確率で含む区間を求めることを**区間推定**と言います。区間推定の用語を母平均 μ の推定を例に解説します。区間推定ではまず μ を含む区間の確率を指定します。多くの場合、99%、95%、90%が選ばれますが、これは任意です。この確率を**信頼係数**と言います。ここでは信頼係数を95%とします。そして、確率95%で μ を含む区間 $L \leqq \mu \leqq U$ を導きます：

　　　$P(L \leqq \mu \leqq U) = 0.95$

この区間を**μ の信頼係数95%の信頼区間と言い**、L と U をそれぞれ**信頼下限**、**信頼上限**と言います。なお、L と U は統計量つまり標本のみから定まる量です（未知の μ に依存してはいけない）。

　信頼係数が大きく、かつ信頼区間の幅が狭いのが望ましいのは明らかですが、一般に信頼係数を上げると信頼区間の幅は広くなります。つまり両者にはトレードオフの関係が存在します。しかしデータが増えれば（信頼係数を下げなくても）、多くの場合、信頼区間の幅は狭くなっていきます。

140

図表でわかる! ポイント

区間推定

未知の母平均 μ が標本により定められた
統計量LとUの間にある確率

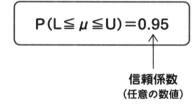

信頼係数
(任意の数値)

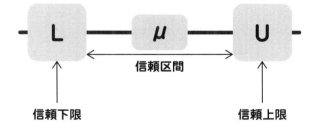

信頼下限　　　　　　　　　　信頼上限

10 hour	**13**
Statistics	

推定 1

▶ 02

母平均の区間推定
（母分散が既知のとき）

　本節以下では、母集団が正規分布 $N(\mu, \sigma^2)$ である場合の母平均 μ の信頼区間を導きます。母分散 σ^2 が既知か未知かで話が変わってきますので、本節で既知の場合を扱い、次節で未知の場合を考察します。準備として、シグマ範囲に関する知識を補充します。確率変数 Y は正規分布 $N(\alpha, \beta^2)$ に従うとします。このとき、2シグマ範囲 $\alpha \pm 2\beta$ の確率は95.4％でした。これを少し狭くして「2」を「1.96」にするとちょうど95％にできます。つまり、

$P(\alpha - 1.96\beta \leqq Y \leqq \alpha + 1.96\beta) = 0.95$ ……… （1）

です。また、確率90％となるのは1.64シグマ範囲です。つまり、

$P(\alpha - 1.64\beta \leqq Y \leqq \alpha + 1.64\beta) = 0.9$

　では本題に入ります。これまで同様、20代男性の身長の例を用います。身長の測定値 $X_1, X_2, \cdots, X_n$ は正規分布 $N(\mu, \sigma^2)$ からの無作為標本であるとします。母分散は既知で $\sigma^2 = 5^2$ であるとします。このとき定理2より標本平均 $M = (X_1 + X_2 + \cdots + X_n)/n$ は正規分布 $N(\mu, 5^2/n)$ に従います。母平均 μ の信頼係数95％の信頼区間を求めましょう。標本平均 M に対して（1）式を適用しますと、$Y = M$、$\alpha = \mu$、$\beta^2 = 5^2/n$ となりますから、

$P(\mu - 1.96 \times 5/\sqrt{n} \leqq M \leqq \mu + 1.96 \times 5/\sqrt{n}) = 0.95$

が成り立ちます。この式は括弧の中の不等式を変形すれば、

$P(M - 1.96 \times 5/\sqrt{n} \leqq \mu \leqq M + 1.96 \times 5/\sqrt{n}) = 0.95$ ……… （2）

とも表せますので、これが**μ の信頼係数95％の信頼区間**であることがわかります。信頼係数を90％としたいときは1.96を1.64で置き換えてください。たとえば、20代男性 $n = 100$ 人の身長の標本平均 M の値が168.5cm であったなら、（2）式は $167.52 \leqq \mu \leqq 169.48$ となります。

図表でわかる！ポイント

信頼係数95%の信頼区間

一般化した図

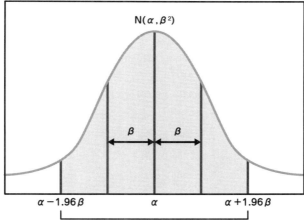

95%がこの範囲に入る

本文の数字を当てはめた図

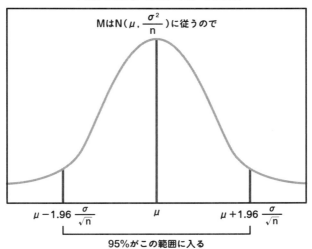

95%がこの範囲に入る

▶ 03

10 hour	**13**
Statistics	

推定 1

母平均の区間推定
（母分散が未知のとき）
（1）

　前節の公式は母分散 σ^2 が未知のときは使えません（信頼区間の中に σ が含まれているからです）。では、母分散が未知の場合はどのようにして信頼区間を作ればよいでしょうか。1 つの方法は、標本分散 s^2 を用いて未知の σ^2 を推定する、つまり公式の中の σ^2 をその不偏推定量である s^2 に置き換えるというものです。

　信頼係数を95％とします。前節（2）式の区間の中の未知の σ を s で置き換えると、

$$M-1.96\times s/\sqrt{n} \leqq \mu \leqq M+1.96\times s/\sqrt{n}$$

となりますが、1 つ修正すべき箇所があります。1.96という数字です。1.96は正規分布によってもたらされた数値でした。つまり、M の確率分布が正規分布であったため、その1.96シグマ範囲が95％の確率となったのでした。σ を s で置き換えた区間は M の1.96シグマ範囲とは異なりますので、その確率が95％である保証はなく、議論を次のように修正する必要があります。M の確率分布は $N(\mu, \sigma^2/n)$ ですので、M の標準化（11章 5 節（1）式）、

$$Z=\frac{M-\mu}{\sqrt{\sigma^2/n}}=\frac{\sqrt{n}(M-\mu)}{\sigma}$$

は標準正規分布に従います。σ を s で置き換えた量、

$$\frac{M-\mu}{\sqrt{s^2/n}}=\frac{\sqrt{n}(M-\mu)}{s} = t\,（と置きます）\,\cdots\cdots（3）$$

は分子だけでなく分母にも確率変数がありますので、Z よりもばらつきが大きくなり、もはや正規分布には従いません。t は**自由度 $n-1$ の t 分布**という分布に従います。したがって、t 分布を用いて確率95％となる範囲を求める必要があります。

144

図表でわかる！ポイント

未知の母数を推定する

> この2つの σ は未知なので、
> このままではいけない

$$M - 1.96 \frac{\sigma}{\sqrt{n}} \leq \mu \leq M + 1.96 \frac{\sigma}{\sqrt{n}}$$

$s^2 \fallingdotseq \sigma^2$ なので、それを上の式で置き換えて……

$$M - 1.96 \frac{s}{\sqrt{n}} \leq \mu \leq M + 1.96 \frac{s}{\sqrt{n}}$$

このようにしてみてはいかがでしょうか。

なお、$\dfrac{M - \mu}{s/\sqrt{n}}$ の分布は正規分布ではないので、

「1.96」の部分は変わります

$$\overline{\frac{\text{10 hour}}{\text{Statistics}}}13$$

推定 1

▶ 04

母平均の区間推定
（母分散が未知のとき）
（2）

t分布のグラフの概形は右頁のとおりです。ポイントは、

・**左右対称**であること、

・$N(0,1)$ **より裾野が厚いこと**、

・n **が大きくなると** $N(0,1)$ **に近づく（収束する）**

ということです。t分布は自由度 $n-1$ を与えれば1つ決まりますので $t(n-1)$ という記号で表します。

さて、$-c \leqq t \leqq c$ となる確率が95％となるような c を**両側5％点**と呼びます。これを $t_{0.05}^{n-1}$ と表すことにしますと、

$$P(-t_{0.05}^{n-1} \leqq t \leqq t_{0.05}^{n-1}) = 0.95$$

が成り立ちます。両側5％点は Excel の tinv 関数を使って tinv(0.05, 自由度) と入力することにより求められます。例として $t_{0.05}^{99}$ を求めますと、tinv(0.05, 99) と入力することにより、$t_{0.05}^{99} = 1.98$ であること（つまり $P(-1.98 \leqq t \leqq 1.98) = 0.95$ であること）がわかります。

上式の括弧の中の不等式を元の記号で書きますと、

$$P\left(-t_{0.05}^{n-1} \leqq \frac{\sqrt{n}(M-\mu)}{s} \leqq t_{0.05}^{n-1}\right) = 0.95$$

となります。これを整理すると、

$$P\left(M - t_{0.05}^{n-1} \times \frac{s}{\sqrt{n}} \leqq \mu \leqq M + t_{0.05}^{n-1} \times \frac{s}{\sqrt{n}}\right) = 0.95 \cdots\cdots (4)$$

が得られます。かくして**信頼係数95％の信頼区間**が導かれました。

20代男性の身長の例に応用します。標本分散を計算したところ $s^2 = 36$ であったとします。信頼係数を95％とし、$n = 100$、$t_{0.05}^{99} = 1.98$、$M = 168.5$cm、$s^2 = 36$ を（4）式に代入して、$168.5 \pm 1.98 \times 0.6$ より、$167.31 \leqq \mu \leqq 169.69$ なる信頼区間が得られます。

図表でわかる！ポイント

t分布のグラフ

```
0.45
 0.4                                    ━━━ N (0,1)
0.35                                    ─── t (10)
 0.3                                    ----- t (5)
0.25                                    ---- t (2)
 0.2
0.15
 0.1
0.05
   0
      -3    -2    -1    0    1    2    3
```

13

推定
1

t(n−1)

2.5%   2.5%

95%

$-t_{0.05}^{n-1}$ 0 $t_{0.05}^{n-1}$

$$\frac{10 \text{ hour}}{\text{Statistics}} \mathbf{13}$$

推定 1

▶ 05

簡単な数値例

　下記のデータは母集団 $N(\mu, \sigma^2)$ からの大きさ9の無作為標本の実現値であるとします。

　　54, 77, 87, 81, 87, 89, 102, 84, 86.

標本平均 M の値は、

　　$M = (54 + 77 + \cdots + 86)/9 = 83.0$

です。したがって、母平均 μ の点推定値は83.0となります。

　次に信頼係数90%の信頼区間を求めます。母分散は既知で $\sigma^2 = 18^2 = 324$ であるとします。この場合は、13章2節の（2）式を使います。信頼係数が90%ですから、1.96を1.64に置き換えた、

　　$P(M - 1.64 \times 18/\sqrt{n} \leq \mu \leq M + 1.64 \times 18/\sqrt{n}) = 0.90$

が成り立ちます。これに代入して $83.0 \pm 1.64 \times 6$ を計算し、

　　$73.2 \leq \mu \leq 92.8$

なる区間が得られます。

　次に母分散 σ^2 が未知であるとします。標本分散 s^2 の値は、

$$s^2 = \frac{1}{8} \left\{ (54 - 83.0)^2 + (77 - 83.0)^2 + \cdots + (86 - 83.0)^2 \right\} = 165.0$$

となりますから、母分散 σ^2 は $165.0 = (12.8)^2$ と推定されます。信頼係数90%の信頼区間を求めます。13章3節の（3）式の量は自由度8の t 分布に従い、$t_{0.1}^8 = 1.86$ となりますので、13章4節の（4）式より、

$$P\left(M - 1.86 \times \frac{s}{\sqrt{n}} \leq \mu \leq M + 1.86 \times \frac{s}{\sqrt{n}} \right) = 0.90$$

が成り立ちます。これに代入して、$83.0 \pm 1.86 \times 12.8/3$ を計算することによって、下記の信頼区間が得られます。

　　$75.1 \leq \mu \leq 90.9$

図表でわかる！ポイント

標準正規分布表

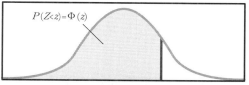

$P(Z<z)=\Phi(z)$

z	0.00	0.01	0.02	0.03	0.04	0.05	0.06	0.07	0.08	0.09
0	0.5000	0.5040	0.5080	0.5120	0.5160	0.5199	0.5239	0.5279	0.5319	0.5359
0.1	0.5398	0.5438	0.5478	0.5517	0.5557	0.5596	0.5636	0.5675	0.5714	0.5753
0.2	0.5793	0.5832	0.5871	0.5910	0.5948	0.5987	0.6026	0.6064	0.6103	0.6141
0.3	0.6179	0.6217	0.6255	0.6293	0.6331	0.6368	0.6406	0.6443	0.6480	0.6517
0.4	0.6554	0.6591	0.6628	0.6664	0.6700	0.6736	0.6772	0.6808	0.6844	0.6879
0.5	0.6915	0.6950	0.6985	0.7019	0.7054	0.7088	0.7123	0.7157	0.7190	0.7224
0.6	0.7257	0.7291	0.7324	0.7357	0.7389	0.7422	0.7454	0.7486	0.7517	0.7549
0.7	0.7580	0.7611	0.7642	0.7673	0.7704	0.7734	0.7764	0.7794	0.7823	0.7852
0.8	0.7881	0.7910	0.7939	0.7967	0.7995	0.8023	0.8051	0.8078	0.8106	0.8133
0.9	0.8159	0.8186	0.8212	0.8238	0.8264	0.8289	0.8315	0.8340	0.8365	0.8389
1	0.8413	0.8438	0.8461	0.8485	0.8508	0.8531	0.8554	0.8577	0.8599	0.8621
1.1	0.8643	0.8665	0.8686	0.8708	0.8729	0.8749	0.8770	0.8790	0.8810	0.8830
1.2	0.8849	0.8869	0.8888	0.8907	0.8925	0.8944	0.8962	0.8980	0.8997	0.9015
1.3	0.9032	0.9049	0.9066	0.9082	0.9099	0.9115	0.9131	0.9147	0.9162	0.9177
1.4	0.9192	0.9207	0.9222	0.9236	0.9251	0.9265	0.9279	0.9292	0.9306	0.9319
1.5	0.9332	0.9345	0.9357	0.9370	0.9382	0.9394	0.9406	0.9418	0.9429	0.9441
1.6	0.9452	0.9463	0.9474	0.9484	0.9495	0.9505	0.9515	0.9525	0.9535	0.9545
1.7	0.9554	0.9564	0.9573	0.9582	0.9591	0.9599	0.9608	0.9616	0.9625	0.9633
1.8	0.9641	0.9649	0.9656	0.9664	0.9671	0.9678	0.9686	0.9693	0.9699	0.9706
1.9	0.9713	0.9719	0.9726	0.9732	0.9738	0.9744	0.9750	0.9756	0.9761	0.9767
2	0.9772	0.9778	0.9783	0.9788	0.9793	0.9798	0.9803	0.9808	0.9812	0.9817
2.1	0.9821	0.9826	0.9830	0.9834	0.9838	0.9842	0.9846	0.9850	0.9854	0.9857
2.2	0.9861	0.9864	0.9868	0.9871	0.9875	0.9878	0.9881	0.9884	0.9887	0.9890
2.3	0.9893	0.9896	0.9898	0.9901	0.9904	0.9906	0.9909	0.9911	0.9913	0.9916
2.4	0.9918	0.9920	0.9922	0.9925	0.9927	0.9929	0.9931	0.9932	0.9934	0.9936
2.5	0.9938	0.9940	0.9941	0.9943	0.9945	0.9946	0.9948	0.9949	0.9951	0.9952
2.6	0.9953	0.9955	0.9956	0.9957	0.9959	0.9960	0.9961	0.9962	0.9963	0.9964
2.7	0.9965	0.9966	0.9967	0.9968	0.9969	0.9970	0.9971	0.9972	0.9973	0.9974
2.8	0.9974	0.9975	0.9976	0.9977	0.9977	0.9978	0.9979	0.9979	0.9980	0.9981
2.9	0.9981	0.9982	0.9982	0.9983	0.9984	0.9984	0.9985	0.9985	0.9986	0.9986
3	0.9987	0.9987	0.9987	0.9988	0.9988	0.9989	0.9989	0.9989	0.9990	0.9990

zの値を縦軸と横軸の組み合わせで求めた際、その範囲にどの程度含まれるかを示している。たとえば縦軸1.1、横軸0.02、すなわちz＝1.12のときは0.8686であり、全体の約86.7％が含まれるということになる。これは言い換えれば上位13.3％とも見なせる。この表を用い、上位10％に該当する偏差値はいくつかを調べることができる。上位10％すなわち0.9にできるだけ近い数字を表で探すと、z＝1.28。偏差値はN(50,100)なので、50＋10×1.28＝62.8、つまり偏差値62.8で上位10％となる

10 hour	14
Statistics	
推定 2	

▶ 01

大数の法則

「データ数が少ないので結論が信頼できない」ということがしばしば言われます。このことの背景にはデータが多くなればなるほど推定は正確になっていくという考えがあると思われます。この主張をフォーマルな形で述べたものが本節で解説する**大数の法則**です。

X_1, X_2, …, X_n は母平均 μ、母分散 σ^2 からの大きさ n の無作為標本であるとします。標本平均 M で母平均 μ を推定することを考えます。このとき、$M - \mu$ の絶対値は推定誤差（12章5節）ですから、

$$|M - \mu| \leqq a$$

という式は「推定誤差が a 以下である」ことを意味します。大数の法則は、a をどのように選んでも（たとえば $a = 0.00001$ などどんなに小さい数を選んでも）、データ数を大きくすれば、{推定誤差が a 以下である}という事象の確率は1にいくらでも近づく、つまり、

$$P(|M - \mu| \leqq a) \to 1 \, (n \to \infty)$$

である、という定理です。上式が成り立つことを M は μ に**確率収束**するとも言います。

大数の法則は、データ数を限りなく大きくしたときの数学的な極限を示すものです。実際の応用の現場ではデータ数は有限ですから、この法則はそのままの形では成り立ちませんが、データ数が十分に大きいと考えられるときは、大数の法則に近い状況と言えますので、その場合は $M \fallingdotseq \mu$ と考えて分析して問題ありません。

証明は難しいので省きますが、標本分散 s^2 は母分散 σ^2 に確率収束します。したがって、データ数が十分に大きいときは $s^2 \fallingdotseq \sigma^2$ と見なすことができます。

図表でわかる！ポイント

データ数が大きいほど正確になる

$X_1, X_2, \cdots, X_n$ が $N(\mu, \sigma^2)$ に従うならば Mの分布は $N(\mu, \frac{\sigma^2}{n})$ となります。

たとえば $\mu=0$、$\sigma^2=1$、$n=10, 20, 50$ のグラフは以下のとおりとなり、nが大きい値を取るほど、より0に集中していく様子がわかります

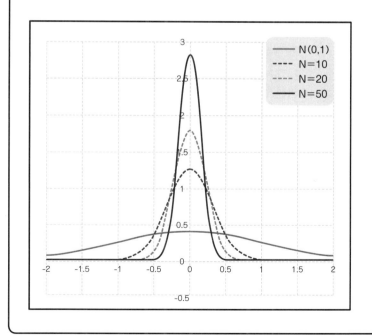

$$\frac{10 \text{ hour}}{\text{Statistics}} 14$$

推定 2

▶ 02

母比率の推定：ベルヌーイ分布からの無作為標本

　本節と次節では、市長の支持率やテレビ番組の視聴率など**比率を表す母数**の信頼区間を導きます。そのため**ベルヌーイ分布**という確率分布を定義します。ベルヌーイ分布は 2 項分布の特別な場合で、表が出る確率が p のコインを 1 回だけ投げ、表（=1）か裏（=0）かを観測する確率分布です。つまり、

x	0	1
$P(X = x)$	$1 - p$	p

なる分布です。この分布は p を与えれば定まりますので、$Ber(p)$ という記号で表現します（$Ber(p) = B(1, p)$）。Ber は Bernoulli の略です。ベルヌーイ分布の平均 μ と分散 σ^2 は簡単に計算できて、それぞれ、

$$\mu = p, \ \sigma^2 = p(1 - p)$$

です。たとえば前者は $\mu = 0 \times (1 - p) + 1 \times p = p$ として導くことができます。

　ある市における市長の支持率 p を推定したいとします。有権者 1 人を抽出して、支持（= 1）か不支持（= 0）かを尋ねるならば、その有権者の回答はベルヌーイ分布 $Ber(p)$ に従います。有権者 n 人を無作為に抽出し、その回答を $X_1, \cdots, X_n$ と置きますと、これはベルヌーイ分布 $Ber(p)$ を母集団とする大きさ n の無作為標本と見なせます。ここで $X_1 + X_2 + \cdots + X_n$ は支持と回答した人の数を表しますので、標本平均 $M = (X_1 + X_2 + \cdots + X_n)/n$ は抽出された n 人における市長の支持率を表します。

　他方、母集団の母平均 $\mu = p$ は有権者全体における市長の支持率に対応します。p を**母比率**とも言います。

図表でわかる! ポイント

ベルヌーイ分布

表が出る確率がpのコインを
1回投げたときに表か裏かを
観測する確率分布

↓

ベルヌーイ分布

市長の支持率を推定するため、
抽出された有権者1人の回答は
ベルヌーイ分布に従う

支持→コインの表
不支持→コインの裏
有権者1人→コインを1回投げる

$$\frac{\text{10 hour}}{\text{Statistics}} 14$$

推定 2

▶ 03

母比率の推定：
点推定と信頼区間

　母比率はベルヌーイ分布の母平均ですので、12章4節の定理1が適用できます。すなわち、標本平均 M（標本における支持率）は母比率 p の不偏推定量 $E(M)=p$ であることがわかります。

　たとえば、有権者 $n=400$ 人を無作為に抽出し、400人中240人が支持と回答したならば、標本平均 M の値は0.6ですので、母比率 p は0.6と推定されます。

　さて、この例のようにデータ数 n が十分大きいと考えられるときは、中心極限定理（12章5節）が応用できます。すなわち、標本平均 M の分布は正規分布 $N(\mu, \sigma^2/n)$ で近似することができます。今の場合、母集団はベルヌーイ分布ですので、$\mu=p$、$\sigma^2=p(1-p)$ となりますから、$N(p, p(1-p)/n)$ で近似することができます。したがって、12章2節と同様に計算すれば、

$$P\left(M-1.96\times\sqrt{\frac{p(1-p)}{n}} \leqq p \leqq M+1.96\times\sqrt{\frac{p(1-p)}{n}}\right)=0.95$$

が成り立つことがわかります。すなわち、確率95%で未知の母比率 p を含む区間 $M\pm1.96\times\sqrt{p(1-p)/n}$ が得られました。しかし残念ながらこの区間は p の信頼区間ではありません（未知の p に依存しているからです）。しかし、今の場合は n が大きいため、大数の法則により、$M \fallingdotseq p$（標本平均≒母平均）が成り立つと考えることができます。したがって、区間の中の未知の p を M で置き換えた、

$$M-1.96\times\sqrt{\frac{M(1-M)}{n}} \leqq p \leqq M+1.96\times\sqrt{\frac{M(1-M)}{n}} \cdots\cdots(1)$$

を**信頼係数95%の p の（近似）信頼区間**として用いることができます。信頼係数が90%のときは1.96を1.64に置き換えます。

図表でわかる！ポイント

標本平均と母比率

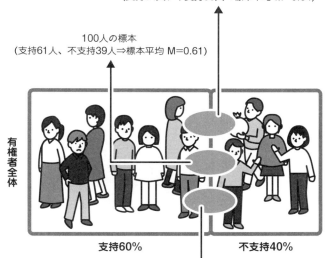

100人の標本
(支持61人、不支持39人⇒標本平均 M=0.61)

100人の標本
(支持64人、不支持36人⇒標本平均 M=0.64)

100人の標本
(支持55人、不支持45人⇒標本平均 M=0.55)

支持60%　　　不支持40%

標本平均Mはおよそ60%の付近に値を取る。
正確には、
E{M}=0.6
E(標本平均)=母比率
と書き表す

10 hour
Statistics **14**

推定2

▶ 04

数値例

　ある市の市長の支持率 p を調べるため、有権者 $n=400$ 人を無作為に抽出し、400人中240人が支持と回答したならば、標本平均 M の値は0.6ですので、p は0.6と推定されます。

　また、信頼係数95％の信頼区間は前節の（1）式より、

$$0.6-1.96\times\sqrt{\frac{0.6\times(1-0.6)}{400}}\leqq p \leqq 0.6+1.96\times\sqrt{\frac{0.6\times(1-0.6)}{400}}$$

となりますので、これを計算して $0.552\leqq p \leqq 0.648$（55.2％以上64.8％以下）なる区間が得られます。信頼係数を90％とするときは1.96を1.64に置き換え、$0.560\leqq p \leqq 0.640$なる区間が得られます。

　別の例として、ある番組の視聴率 p の推定問題を考えます。$n=900$世帯を無作為に抽出し、135世帯が視聴していることがわかったものとします。このとき、標本平均の値は $135/900=0.15$ となります。したがって、視聴率は15％と点推定されます。

　信頼係数99％の信頼区間を導きます。この場合は、前節の（1）式の1.96を標準正規分布の両側1％点である2.58で置き換えたもの、

$$M-2.58\times\sqrt{\frac{M(1-M)}{n}}\leqq p \leqq M+2.58\times\sqrt{\frac{M(1-M)}{n}}$$

を用います。$M=0.15$ と $n=900$ を代入して、

$$0.15-2.58\times\sqrt{\frac{0.15\times(1-0.15)}{900}}\leqq p \leqq 0.15+2.58\times\sqrt{\frac{0.15\times(1-0.15)}{900}}$$

すなわち、$0.119\leqq p \leqq 0.181$（11.9％以上18.1％以下）なる区間が得られます。

図表でわかる！ポイント

数値例その2

本文にあるとおり、市長の支持率pの信頼係数95%の信頼区間は$0.552 \leq p \leq 0.648$でした。この区間の幅は$0.648 - 0.552 = 0.096 \fallingdotseq 0.1$ですから、おおよそ10%ポイントです。では、信頼区間の幅を5%ポイント以下とするにはどれくらいのデータ数が必要でしょうか。

本文にあるとおり、信頼区間は、

$$0.6 - 1.96 \times \sqrt{\frac{0.6 \times (1-0.6)}{n}} \leq P \leq 0.6 + 1.96 \times \sqrt{\frac{0.6 \times (1-0.6)}{n}}$$

ですから、その幅は、最右辺から最左辺を引いて、

$$\left(0.6 + 1.96 \times \sqrt{\frac{0.6 \times (1-0.6)}{n}}\right) - \left(0.6 - 1.96 \times \sqrt{\frac{0.6 \times (1-0.6)}{n}}\right) = 2 \times 1.96 \times \sqrt{\frac{0.6 \times (1-0.6)}{n}}$$

となります。したがって、$2 \times 1.96 \times \sqrt{\frac{0.6 \times (1-0.6)}{n}} \leq 0.05$となるnを求めればよいことになります。

両辺2乗して整理しますと、$n \geq \frac{(2 \times 1.96)^2 \times 0.6(1-0.6)}{(0.05)^2} \fallingdotseq 1475.2$となり、1476人以上であることがわかります。

もう少し、厳密に議論しますと、区間の幅は前節の最初の式から、

$$\left(M + 1.96 \times \sqrt{\frac{p(1-p)}{n}}\right) - \left(M - 1.96 \times \sqrt{\frac{p(1-p)}{n}}\right) = 2 \times 1.96 \times \sqrt{\frac{p(1-p)}{n}}$$

となりますので、$2 \times 1.96 \times \sqrt{\frac{p(1-p)}{n}} \leq 0.05$となるnを求めればよいことになります。先ほどとは異なり、未知のpがあります。$p(1-p)$は最大値が1/4（$p = 1/2$のとき）ですから、$p(1-p)$を1/4で置き換えてnを求めますと、

$$n \geq \frac{(2 \times 1.96)^2 \times (1/4)}{(0.05)^2} \fallingdotseq 1536.6$$ となり、1537人以上とわかります

$$\frac{10 \text{ hour}}{\text{Statistics}} 14$$

推定 2

▶ 05

最尤法

　最尤法(さいゆうほう)とは、所与のデータの発生する確率を求め、それを最大にするような母数の値を推定値とする推定法です。次の簡単な例を通して解説します。

　コインの表が出る確率 p の推定問題を考えます。10回投げたところ、（0,1,1,0,1,1,1,1,0,1）なる結果が得られたとします（表を1、裏を0で表示）。このとき標本平均 $M=(0+1+\cdots+1)/10=0.7$ ですから、p は0.7と推定されます。

　一方、最尤法はこのデータが実現する確率を利用して推定値を導きます。上記のデータが得られる確率は、10章1節と同様に計算すれば、$p^7(1-p)^3$ であることがわかります。まず問題を少し易しくして、p の推定値として0.5と0.6の2つのうち、どちらが良いかを考えることにします。$p=0.5$ とすれば確率 $p^7(1-p)^3$ は0.000977です。$p=0.6$ とすれば、確率 $p^7(1-p)^3$ は0.001792（>0.000977）です。$p=0.5$ を選べば確率0.000977の出来事が起きたと考えることになりますし、$p=0.6$ を選べば確率0.001792の出来事が起きたと考えることになります。確率がより大きい（より起こりやすい）出来事が起こった結果として上記のデータがあると考えるなら $p=0.6$ と推定するほうが自然と言えるでしょう。この考え方に納得できるのでしたら、$p^7(1-p)^3$ を最大にする p が最も良い推定値であるという結論が導かれます。計算は省略しますが、微分して調べるとそれは $p=0.7$ であることがわかります。このようにして推定する方法を最尤法と言います。

　実際の分析で用いられる確率モデルには複雑なものもあり、含まれる母数の役割がはっきりしない（母平均や母分散などではない）こともあります。最尤法はそのようなときでも適用可能です。

158

図表でわかる！ポイント

ポアソン分布Po(α)の平均αの最尤推定量は標本平均Mです

また、正規分布N(μ, σ^2)の平均μと分散σ^2の最尤推定量はそれぞれ標本平均Mと標本分散S^2(ただしnで割るほう)です

14

推定2

10 hour	**15**
Statistics	

統計的
仮説検定

▶ 01

帰無仮説と
対立仮説

　統計的仮説検定は、母集団に関して2つの可能性（仮説）がある
とき、データの情報を利用して、どちらか一方を選ぶという、二者
択一の決定方式です。例を通して基本事項を解説します。

　ある製品を生産している工場があるとし、その製品の寿命は平均
1500時間であるとします。このたび製造法が変更になり、それが製
品の寿命に影響を及ぼしたか否かを知りたいとします。製品の寿命
は変更前も変更後も正規分布をなすものとし、標準偏差は120時間
であるとします。変更後の寿命を μ 時間としますと、変更後の製品
の寿命は正規分布 $N(\mu,(120)^2)$ となります。

　ここでの関心は μ に関する次の2つの仮説のいずれが正しいかと
いうことです。

$$H_0：\mu=1500（影響なし）\quad 対 \quad H_1：\mu\neq1500（影響あり）$$

H_0 は考察の基準となる仮説であり、これを**帰無仮説**と言います。H_1
は H_0 が棄却されたときに採択される仮説であり、**対立仮説**と呼ば
れます。私たちの下す決定は、次の2つの選択肢、

　　「H_0 を棄却する」、「H_0 を採択する」

のいずれか一方を選ぶことです。標本の値に基づいてこの選択を行
うことを**統計的仮説検定**と言います。単に**検定**と呼ぶこともできま
す。検定の具体的方法を**検定方式**と言います。

　検定論では2つの仮説は対等の立場ではなく、帰無仮説 H_0 が基
準点となります。そのため、私たちの行う決定も「H_0 をどうするか
（棄却か採択か）」という形で記述されます。

160

図表でわかる！ポイント

寿命は延びたと言えるか？

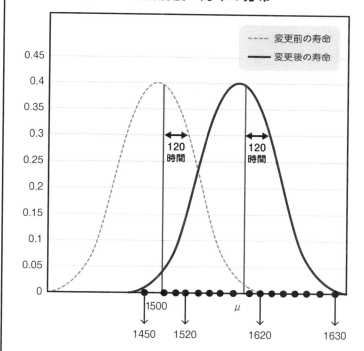

変更前後の寿命の分布

新製法で作られたほうから16個抜き出し、その平均を見ると、

$$M = \frac{1}{16}\{1450+1520+1620+\cdots+1630\} = 1590$$

寿命は延びたのか？

10 hour
Statistics 15
統計的
仮説検定

▶ 02

検定方式

本節では**検定方式**について説明します。製造法を変更した後の製品を無作為に n 個（$n = 16$ とします）選び、その寿命 X_1, X_2, …, X_n を計測するとします。これは正規分布 $N(\mu, (120)^2)$ からの無作為標本と見なすことができます。検定は標本平均 $M = (X_1 + \cdots + X_n)/n$ と1500とを比較して行います。具体的には、判断の基準となる数値 c を定めて、

$$\begin{cases} |Z| > c \Rightarrow H_0 を棄却する \\ |Z| \leqq c \Rightarrow H_0 を採択する \end{cases} \quad ここに \ Z = \frac{M - 1500}{\sqrt{(120)^2/n}} = \frac{M - 1500}{30} \quad (1)$$

とします。つまり、Z の絶対値が c を超えるほど大きいときに寿命に影響を及ぼしたと結論するということです。以後 c を**臨界値**と呼びます。臨界値 c をどのように決めるかは次節に回し、まず Z の意味を説明します。Z の分子は標本平均 M と1500の差ですので、製造法の変更の前後における寿命の差を意味します。では分母は何を意味するでしょうか。M が $N(\mu, (120)^2/n) = N(\mu, (30)^2)$ に従うことを思い出してください（12章5節の定理2）。Z の分母は M の標準偏差であることに気づくでしょう。すなわち、Z の意味は「**M と1500が標準偏差いくつ分、離れているか**」です。たとえば2つ以上離れていれば、かなり離れている（変更前後の寿命の差は大きい）と言えるでしょう。

16個からなる標本の標本平均 M を計算した結果、M の値は1590であったとします。$M - 1500 = 1590 - 1500 = 90$ 時間です。標準偏差は30時間ですから、この差は標準偏差3つ分に相当します（つまり $Z = 3$ です）から、十分に離れていると言えます。つまり、寿命に影響を及ぼした証拠と言えるほどの差（**有意差**）と見なせそうです。

図表でわかる！ポイント

寿命は延びている

$$1590 - 1500 = 90$$

↑平均M　　↑元の寿命

90の差は寿命が延びたと言うにたる数字でしょうか？
MはN(μ, $(30)^2$)に従うので、

$$\frac{1590 - 1500}{30} = \frac{90}{30} = 3$$

つまり標準偏差3つ分、離れているということになります

これは寿命が延びたと言うにたる数字であることがわかりました

10 hour 15
Statistics

▶ 03

有意水準

**統計的
仮説検定**

c の値は検定を行う際に犯す可能性のある2種類の誤りと関係があります。その2種類の誤りとは次の2つです。

第1種の誤り： H_0 が正しいときに H_0 を棄却する誤り

第2種の誤り： H_1 が正しいときに H_0 を採択する誤り

どちらの誤りも犯したくはないので、両方を同時に小さくしたいのですが、それはできません。検定においては、第1種の誤りを重視し、**第1種の誤りを犯す確率を分析者が自由に設定できるようにします**。具体的には、第1種の誤りの確率として許容できる値 α を事前に決め（たとえば $\alpha = 5\%$ などとします）、

第1種の誤りの確率 $= \alpha$

となるようにします。この α のことを**有意水準**と言います。

有意水準 α を決定すれば、臨界値 c が定まります。たとえば $\alpha = 5\%$ とすると $c = 1.96$ となります。理由は次のとおりです。まず、帰無仮説 H_0 が正しい（つまり $\mu = 1500$ である）と仮定します。このとき第1種の誤りを犯すということは、$|Z| > c$ が成り立つことに等しいですから、$P(|Z| > c) = 0.05$ が成り立つように c を決めればよいことになります。帰無仮説が正しいとき M の確率分布は $N(1500, (30)^2)$ となりますので（μ が1500に変わったことに注意）、その標準化 $(M - 1500)/30$ は標準正規分布 $N(0, 1)$ に従います。この式はよく見ると Z と同じです。したがって Z も $N(0,1)$ に従うことになります。よって $P(|Z| > c) = 0.05$ となる c は1.96となります。

したがって、有意水準 $\alpha = 5\%$ のときは、$|Z| > 1.96$ のときに帰無仮説を棄却すればよいことがわかりました。よって、帰無仮説は棄却され、製造法の変更は寿命に影響を及ぼしたと言えます。

図表でわかる！ ポイント

２種類の誤り

	H_0を棄却	H_0を採択
帰無仮説H_0が正しい	第１種の誤り	正しい決定
対立仮説H_1が正しい	正しい決定	第２種の誤り

例

H_0：無罪、H_1：有罪ならば

第１種の誤りは**無罪**であるにもかかわらず**有罪**とする誤り（冤罪）

第２種の誤りは**有罪**であるにもかかわらず**無罪**とする誤り（取り逃し）

本例では

・第１種の誤り：寿命は変化していないのに変化したと判断する誤り

・第２種の誤り：寿命が変化したのに変化していないと判断する誤り

15

統計的仮説検定

10 hour	
Statistics	**15**

**統計的
仮説検定**

▶ 04

t検定

　前節で議論した検定は **z検定** と呼ばれます。 z検定を公式の形で書けば次のとおりです（本節では有意水準を $\alpha = 5\%$ とします）。

　z検定：母分散が既知の 正規分布 $N(\mu, \sigma^2)$ からの無作為標本 $X_1, X_2, \cdots, X_n$ があるとする。このとき、

$$H_0 : \mu = \mu_0 \quad 対 \quad H_1 : \mu \neq \mu_0$$

の有意水準5%の検定は、

$$\begin{cases} |Z| > 1.96 \Rightarrow H_0 を棄却する \\ |Z| \leqq 1.96 \Rightarrow H_0 を採択する \end{cases} \quad ここに Z = \frac{M - \mu_0}{\sqrt{\sigma^2/n}} = \frac{\sqrt{n}(M - \mu_0)}{\sigma}$$

　上記のz検定は母分散 σ^2 が未知の場合は使えません。実際、統計量 Z の中に未知の σ^2 が含まれます。この場合は、z検定の統計量 Z の中の未知の σ^2 をその推定量 s^2 に置き換えたもの、すなわち、

$$t = \frac{M - \mu_0}{\sqrt{s^2/n}} = \frac{\sqrt{n}(M - \mu_0)}{s}$$

を使います。この統計量は帰無仮説が正しいときに自由度 $n-1$ の t分布 $t(n-1)$ に従いますので、臨界値は $t(n-1)$ の両側5%点になります。前節と同様の議論をすれば次の検定が得られます。これを **t検定** と言います。

　t検定：母分散が未知の 場合の有意水準5%の検定は、

$$\begin{cases} |t| > t_{0.05}^{n-1} \Rightarrow H_0 を棄却する \\ |t| \leqq t_{0.05}^{n-1} \Rightarrow H_0 を採択する \end{cases}$$

　対立仮説が $H_1 : \mu > \mu_0$ や $H_1 : \mu < \mu_0$ となる場合もしばしばあります。これを **片側仮説** と言います。対して $H_1 : \mu \neq \mu_0$ を **両側仮説** と言い、対応する検定をそれぞれ **片側検定**、**両側検定** と言います。片側検定は次節で練習します。

図表でわかる！ポイント

母分散 σ^2 が既知のとき

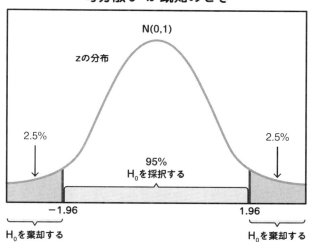

母分散 σ^2 が未知のとき

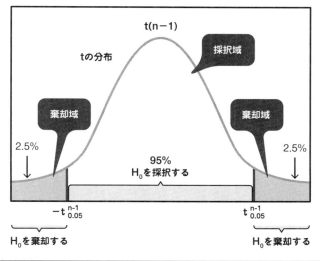

10 hour		▶ 05
Statistics	**15**	

統計的
仮説検定

母比率の検定

　ある市の市長の支持率を例に議論します。昨年まで市長の支持率はずっと40%でしたが、公費支出削減などの業績によって支持率が上昇した可能性があるとします。そして、このことを統計調査で確かめるため、$n = 400$人の有権者を無作為に選び、市長を支持するか否かを尋ねるものとします。以下、支持＝1、不支持＝0で表します。有権者全体における市長の支持率をpとすると、ここでの関心は、

$$H_0 : p = 0.4 \quad 対 \quad H_1 : p > 0.4$$

の検定です。以下、有意水準を5%とします。

　14章2節で議論したように、400人の回答はベルヌーイ分布$Ber(p)$からの無作為標本と見なすことができます。400人中の支持者の割合をMと置きます（これは標本平均です）。Mの値が40%よりも十分大きければ（つまり$M - 0.4$が大ならば）支持率は上がったと見ることができるでしょう。さて、中心極限定理より、標本平均Mの分布は平均がp、分散が$p(1 - p)/n$の正規分布で表すことができます。したがって、Mの標準偏差は$\sqrt{p(1 - p)/n}$ですので、これを$p = 0.4$で評価したものを分母に使った検定方式、

$$\begin{cases} T > 1.64 \Rightarrow H_0を棄却する \\ T \leqq 1.64 \Rightarrow H_0を採択する \end{cases} \quad ただし \ T = \frac{M - 0.4}{\sqrt{0.4 \times (1 - 0.4)/400}} = \frac{M - 0.4}{0.024}$$

を用います。臨界値の1.64は有意水準を5%としたことにより定まります（帰無仮説が正しいとき、Tは標準正規分布に従うからです）。たとえば、400人中180人が支持と回答したとすればMの値は0.45（45%）となります。このとき、$T = (0.45 - 0.4)/0.024 = 2.04$ですから、臨界値1.64を超え、帰無仮説は棄却されます。つまり支持率は上昇したと言えます。

図表でわかる！ポイント

有権者全体の支持率をpと置く

標本における支持率

$$M = \frac{180人}{400人} = 0.45(45\%)$$

$$M - 0.4 = 0.45 - 0.4 = 0.05(5\%)$$

この差は十分でしょうか？

Mは$N\left(p, \frac{p(1-p)}{n}\right)$なので、

標準偏差は $\sqrt{\frac{p(1-p)}{n}}$ となります

15 統計的仮説検定

▶ 01

10 hour
Statistics **16**

2つの
グループの
比較

処置群と対照群

　新しく開発された薬が旧来の薬に比べて効果が優れているのかを調べたい、進学塾で特別コースのほうが通常コースよりも教育効果が優れていることを示したいなどのように、2つのグループの間に有意な差があるのか否かが関心の対象となることがあります。

　薬の例で言えば、ラットを無作為に2つのグループに分け、一方には新薬、他方には旧来の薬を施して効果を比較するという方法が考えられます。新薬を投与されたグループを**処置群**、旧薬のほうを**対照群**と言います。たとえば、処置群に10頭、対照群に8頭のラットが割り振られたとし、投薬後の両群の測定値はそれぞれ独立に、

　　　処置群：$N(\mu_1, \sigma^2)$、対照群：$N(\mu_2, \sigma^2)$

なる分布に従うとします。薬は効果があれば測定値を上げる方向に働くものとすれば、分析者の関心は、

　　　H_0：$\mu_1 = \mu_2$(薬効なし)　対　H_1：$\mu_1 > \mu_2$(薬効あり)

なる仮説検定問題として表現できます。このように2つの母集団の比較を行う問題を**2標本問題**と言います（本章2節）。2標本問題には様々な形があり、論点も様々です。

　たとえば、上記の問題は両群の分布を（平均のみが異なる）正規分布としていますが、測定する変量によっては正規分布の仮定は成り立たないでしょう（本章4節）。また、ラットの場合は無作為に2群に分けることができますが、実際の人間の患者は無作為に割り振ることはできません。これは進学塾の例においても同様です。また、特別コースを選ぶ受講者はもともと学習意欲のある人が多いですから、通常コースより成績が良かったとしてもそれがすべて教育の効果であるとは言えず、単純な比較はできません（本章5節）。

図表でわかる! ポイント

2つの母集団の比較を行う

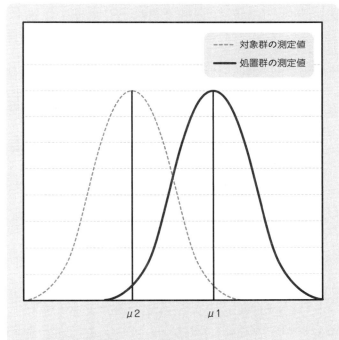

両者に有意な差はあるでしょうか?

10 hour Statistics 16

2つの グループの 比較

▶ 02

2 標本 t 検定

　前節で導入した新薬の効果の例を続けます。まず正規分布に関する公式を1つ用意します：「XとYは互いに独立とし、それぞれ正規分布 $N(\mu_1, \sigma_1^2)$ と $N(\mu_2, \sigma_2^2)$ に従うとする。このとき、$X \pm Y$は正規分布 $N(\mu_1 \pm \mu_2, \sigma_1^2 + \sigma_2^2)$ に従う」

　さて、処置群のラット $n_1 = 10$頭の標本平均をM_1、対照群のラット $n_2 = 8$頭の標本平均をM_2とし、2群の差 $M_1 - M_2$に注目します。これが大きければ薬効はある（$\mu_1 - \mu_2 > 0$）と言えるでしょう。

　M_1の分布は $N(\mu_1, \sigma^2/10)$、M_2の分布は $N(\mu_2, \sigma^2/8)$ となります（12章5節）ので、上の公式より、$M_1 - M_2$は次の分布に従います：

$$N\left(\mu_1 - \mu_2, \ \sigma^2\left(\frac{1}{10} + \frac{1}{8}\right)\right)$$

したがって、母分散σ^2が既知であれば、

$$T = (M_1 - M_2)/\sqrt{\sigma^2(1/10 + 1/8)}$$

が大きいときに帰無仮説を棄却すればよいでしょう。たとえば有意水準が5％のときは、$T > 1.64$のときに帰無仮説を棄却します（帰無仮説が正しい（$\mu_1 - \mu_2 = 0$）とき、Tは標準正規分布に従うからです）。

　σ^2が未知の場合は、σ^2をその推定量s^2で置き換えたものを用います。s^2は $s^2 = \dfrac{1}{10 + 8 - 2}\left[(10-1)s_1^2 + (8-1)s_2^2\right]$（処置群と対照群の標本分散 s_1^2とs_2^2の加重平均）が通常用いられます。こうして得られるTは自由度 $n_1 + n_2 - 2 = 10 + 8 - 2 = 16$の t 分布に従います。したがって、$T > t_{0.1}^{16} = 1.75$のときに帰無仮説を棄却します。これを**2 標本 t 検定**と言います。

172

図表でわかる！ポイント

処置群と対照群

処置群の測定値 $X_1, X_2, \cdots, X_n$ は独立に $N(\mu_1, \sigma^2)$ に従うとします。
対照群の測定値 $Y_1, Y_2, \cdots, Y_m$ は独立に $N(\mu_2, \sigma^2)$ に従うとします。
測定値はすべてが独立とします。

このとき、

$$M_1 = \frac{X_1 + X_2 + \cdots + X_n}{n} \text{ は } N\left(\mu_1, \frac{\sigma^2}{n}\right) \text{ に従います。}$$

$$M_2 = \frac{Y_1 + Y_2 + \cdots + Y_m}{m} \text{ は } N\left(\mu_2, \frac{\sigma^2}{m}\right) \text{ に従います。}$$

よって本文中の公式より、

$$M_1 - M_2 \text{ は } N\left\{\mu_1 - \mu_2, \sigma^2\left(\frac{1}{n} + \frac{1}{m}\right)\right\} \text{ に従います。}$$

16 2つのグループの比較

16
Shour Statistics
2つの
グループの
比較

▶ 03
対応のあるデータ

　薬効を調べる際、前節のように被験者やラットを2群に分けるのではなく、各被験者について投薬の前後で測定を行い、前後の測定値の差を調べるという研究もあり得ます。その場合、投薬後の測定値を処置群、投薬前の測定値を対照群と見なせば、前節の2標本問題の解法を適用できそうに見えますが、実はこの研究は前節の議論の枠組みの外にあります。前節の議論では、処置群の測定値と対照群の測定値の**すべてが独立である**ということが非常に重要です。なぜなら、前節で2群の標本平均の差の分布を求める際に使った公式が独立性を前提にしているからです。ところが、この研究では処置群と対照群が同じ被験者からなるため、2群が独立とはなり得ません。したがって前節の方法が使えないのです。

　n 頭のラットの投薬前の測定値を $X_1, \cdots, X_n$ とし、投薬後の測定値を $Y_1, \cdots, Y_n$ とします。異なるラット同士の測定値は独立ですが、同一のラットの測定値は独立とはなりません。たとえば、X_1 と X_2 は独立ですが、X_1 と Y_1 は独立ではありません。

　この場合は、投薬前後の差、

$$Z_i = X_i - Y_i \quad (i = 1, 2, \cdots, n)$$

を観察対象とします。$Z_1, \cdots, Z_n$ は異なるラットの測定値ですので互いに独立です。したがって、$Z_1, \cdots, Z_n$ を正規分布からの無作為標本と見なすことができます。その母平均を μ と置くと $\mu = \mu_1 - \mu_2$ ですから、

$$H_0: \mu = 0（薬効なし）\quad 対 \quad H_1: \mu > 0（薬効あり）$$

を検定することで薬効の有無を調べることができます。ここから先は t 検定が使えますので説明しなくてもよいでしょう。

174

図表でわかる！ ポイント

測定値の独立性

	ラット1	ラット2	ラットn
投薬前	X_1 独立でない	X_2 独立でない	X_n 独立でない
投薬後	Y_1	Y_2	Y_n

独立　独立

独立

$$Z_i = X_i - Y_i = 投薬前 - 投薬後 \quad (i = 1, 2, \cdots, n)$$

処置前後の値を対にした $(X_1, Y_1), \cdots, (X_n, Y_n)$ を対標本と言う

16

2つのグループの比較

	Hour 16
Statistics	**16**

**2つの
グループの
比較**

▶ **04**

ウィルコクソンの
検定

　前章や本章で紹介した t 検定は、母集団が正規分布の場合には良い検定であることが知られています。しかし、実際のデータ解析では、母集団が正規分布であるという前提が成り立たない場合がしばしば生じます。したがって、母集団分布が何であっても適用できる検定が必要となります。

　ある大学の体操部の新入生は一般入試で入った選手6人とスポーツ推薦で入った選手8人からなるとし、彼らの身体能力テストの測定値が右頁の表1のとおりであったとします。一般入試の選手の母集団とスポーツ推薦の選手の母集団をそれぞれ F と G で表し、図1のように **G は F が右に δ だけズレたもの** とします（G のほうが大きい値が出やすい）。身体能力テストの分布は**正規分布ではないことがわかっているとします**。ここでの関心は、H_0 : $\delta = 0$（両群に差はない）対 H_1 : $\delta > 0$（推薦のほうが優れている）の検定です。**ウィルコクソンの検定**という方法を紹介します。まず2群を合わせた14個の測定値を昇順に並べて順位をつけます（右頁表2）。そして、第Ⅱ群（スポーツ推薦）の測定値の順位の和を計算します：

　　　$W = R_7 + R_8 + \cdots + R_{14} = 8 + 6 + 12 + 9 + 5 + 11 + 13 + 10 = 74$

もしスポーツ推薦のほうが実際に優れているならば、彼らの順位は大となり、W の値は大きくなるでしょう。したがって、W が臨界値 c を超えたときに帰無仮説 H_0 を棄却するという形で検定をすることができます。W の分布は複雑ですが、数表の一部を右頁で利用できます。有意水準 $\alpha = 5\%$ とすれば $c = 59$ ですから、$W > c$ となり、帰無仮説は棄却されます。

176

図表でわかる！ポイント

表1	
I(一般入試)	II(スポーツ推薦)
40	51
37	45
22	60
50	52
30	41
69	55
	65
	53

平均	
I(一般入試)	41.3
II(スポーツ推薦)	52.8

平均を見る限り、推薦で入った選手のほうが優れているようだが、身体能力テストの分布は正規分布とは限らないため、t検定を使って両群に有意差があることを確かめることはできない

表2			
I(一般入試)	順位 Ri	II(スポーツ推薦)	順位 Ri
40	4	51	8
37	3	45	6
22	1	60	12
50	7	52	9
30	2	41	5
69	14	55	11
		65	13
		53	10

数表				
n\m	6	7	8	9	10
6	50				
7	55	66			
8	59	71	85		
9	63	76	90	105	
10	67	81	96	111	128

図1

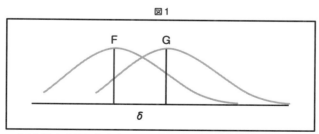

GはFが右にδだけズレたもの

10 hour	**16**
Statistics	

▶ 05

因果推論

2つの
グループの
比較

　何らかの**処置**（医学的治療や教育プログラム、職業訓練など）が
結果変数（健康状態や成績、賃金など）に与える効果を**因果効果**と
言い、それをデータから推論する方法を**統計的因果推論**と言います。

　たとえば、新しい英会話教育コースの効果を知りたいとします。
もしまったく同じ人間が2人いれば、一方だけに受講させ、2人の
英会話テストの成績の差を調べることにより効果のほどが明らかに
なるでしょうが、そのようなことはできません。しかし、この反実
仮想的な考え方をもう少し進めて、各個体は受講したときの成績 X
と受講しなかったときの成績 Y の両方 (X, Y) を持っていると仮定
し、受講の有無に応じて X か Y の一方のみが観測されるとします。
これを式にすると $E(X) - E(Y) = \Delta$ が受講の効果を表します。Δ
が推定できればよいことになります。

　1つの推定法は、n 人の調査対象を、受講した人としなかった人
で2つのグループに分け、各グループの平均の差を計算するという
ものです。もしも受講するか否かをサイコロなどでランダムに決め
たならば、この方法で偏りなく推定することができます。どちらの
グループも同じようなばらつきになるからです。しかし、多くの場
合、各人の意思で受講するかどうかを決めます。その場合はこの推
定法では偏りが生じます。なぜなら、受講すると決める人はしない
人に比べてもともと英会話やテストに対して意欲的な人が多いです
から、コースの効果に関係なく、受講者の成績の平均は $E(X)$ より
も高くなる傾向があるでしょうし、受講しなかった人の平均は E
(Y) よりも低くなりがちだからです。しかし、「**強い意味で無視可能**」
な場合にはこの偏りを緩和できることが知られています。

図表でわかる！ポイント

「強い意味で無視可能」とは
(Strongly ignorable)

$$Z = \begin{cases} 1 \text{（英会話教育コースを受講する）} \\ 2 \text{（英会話教育コースを受講しない）} \end{cases}$$

$(X, Y) = $ 成績

と表したとき、

適当な共変量で調整すると、つまりたとえば
親の学歴、収入などが大体同じ人たちに限定すると、
(X, Y) と Z が独立になることを指す

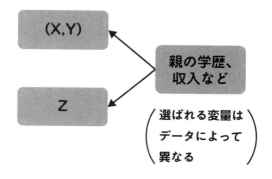

2元分割表

$$\blacktriangleright 01$$

10 hour
Statistics **17**
質的データ
の分析

　本節では**2元分割表**の例と分類を学びます。たとえば、ある大学の1年生100人の英語と統計学の成績が右頁の表1のとおりであったとします。これによれば英語が優でかつ統計学が優の人は9人、どちらも不可の人は4人です。**行和**は英語の成績の分布、**列和**は統計学の成績の分布、**総度数**は全学生数100人です。

　一般に各個体が2つの質的変量 A と B について観測されるとき、その結果は右頁の表0のような2元分割表でまとめられます。各セルの数値 n_{ij} は各組み合わせ $a_i b_j$ に該当する個体の数（度数）です。

　右頁の表2は、男性150人、女性100人に知事選挙の投票において最も重視することを尋ねた結果です。また表3は、ある市において3カ月間に発生した交通事故の態様と事故当日の天候です。

　表1、2、3はいずれも2元分割表ですが種類が異なり、したがって分析のポイントも異なります。違いは総度数と行和・列和の確定の仕方にあります。**これらが観測する前に確定しているのか事後にしかわからないのか**がポイントです。たとえば、表1において総度数の100人は1年生の総数であり、これは試験の成績が観測される以前から確定している数字です。他方、行和や列和は成績を観測しなければわかりません。また、表2は総度数の250人が確定数であるという点では表1と同じですが、行和の150人と100人も観測以前に確定している数字です。その点で表1とは異なります。また、表3は行和も列和も観測しなければわかりませんので確定していませんし、また総度数も確定していません。その意味で表1、2のいずれとも異なる種類の分割表です。表1と表3では2つの変量の独立性が問われ、表2では男女の結果の共通性が関心となります。

図表でわかる！ ポイント

表0

		B				
		b_1	b_2	...	b_l	
A	a_1	n_11	n_12	...	n_1l	n_1.
	a_2	n_21	n_22	...	n_2l	n_2.
	...	...	...	...	...	
	a_k	n_k1	n_k2	...	n_kl	n_k.
計		n_.1	n_.2	...	n_.l	n

表1

		統計学				計
		優	良	可	不可	
英語	優	9	5	3	2	19
	良	8	14	16	4	42
	可	4	5	10	10	29
	不可	1	2	3	4	10
計		22	26	32	20	100

表2

	景気対策	子育て支援	福祉・医療	治安	計
男性	60	30	45	15	150
女性	30	40	20	10	100

表3

		事故の態様			
		人対車両	車両同士	車両単独	計
天気	晴れ	5	5	7	17
	曇り	6	7	8	21
	雨	12	14	26	52
計		23	26	41	90

17

質的データの分析

$$\frac{10 \text{ hour}}{\text{Statistics}} 17$$

質的データ
の分析

▶ 02

独立性の検定（1）

　本節では2元分割表の2つの変数の独立性について学びます。右頁の分割表において、英語と統計学の成績の関連性が薄いのではないか、両者は独立ではないかと考え、これをデータから確かめたいとします。英語と統計学の成績をそれぞれ A, B で表し、優・良・可・不可をそれぞれ1,2,3,4で表します。英語の成績の分布は行和から、

a	1	2	3	4
$P(A = a)$	0.19	0.42	0.29	0.10

とわかります。また統計学の成績の分布は列和を読めば、

b	1	2	3	4
$P(B = b)$	0.22	0.26	0.32	0.20

です。A と B が独立であるとは、

　　$P(A = a, B = b) = P(A = a)P(B = b)$ （a, b =1,2,3,4）

が成り立つということです（12章1節）。そのため、もしも両科目が独立であれば、たとえば、英語と統計学が共に優である確率（割合）は、

　　$P(A = 1, B = 1) = P(A = 1)P(B = 1) = 0.19 \times 0.22 = 0.0418\,(4.18\%)$

となりますから、100人中4.18人くらいの人数になるものと考えられます。これを**期待度数**と言います。一般式を書けば、英語の成績が a で統計学が b となる期待度数は、

　　期待度数＝総度数 $\times P(A = a)P(B = b)$

で与えられます。もし両科目が独立ならば、期待度数と**観測度数**（実際に観測された度数）は近い値になるでしょう。「両科目が優」の期待度数は4.18人、観測度数は9人です。各セルについてこれらの値を比較することによって独立性の検定を行うことができます。

図表でわかる！ ポイント

英語の成績と統計学の成績の2元分割表

		統計学				
		優	良	可	不可	計
英語	優	9	5	3	2	19
	良	8	14	16	4	42
	可	4	5	10	10	29
	不可	1	2	3	4	10
計		22	26	32	20	100

17

質的データの分析

10 hour	17
Statistics	
質的データ	
の分析	

▶ 03

独立性の検定（2）

　表1.2は両科目が独立であるとの仮定の下で計算された期待度数の表です。表1と比較することによって、独立性の検定を行います。

　H_0：英語と統計学の成績は独立である　対　H_1：独立ではない
有意水準 α を5％とします。この検定に用いられる統計量 T は、

$$T = \frac{(観測度数 - 期待度数)^2}{期待度数} \text{の総和} \cdots\cdots (1)$$

です。もし独立でなければ、観測度数と期待度数の違いが大きくなりますから、T も大きくなります。ですから T の値が大きいときに帰無仮説を棄却します。この例では、

$$T = \frac{(9-4.18)^2}{4.18} + \frac{(5-4.94)^2}{4.94} + \cdots + \frac{(4-2)^2}{2} = 19.45$$

となります。

　帰無仮説が正しいとき、T は**カイ2乗分布**に（近似的に）従うことが知られています（本章の5節にこの分布の解説がありますので馴染みのない方はご覧ください）。カイ2乗分布の自由度は、（A のカテゴリーの数-1）×（B のカテゴリーの数-1）$=(k-1)(l-1)$ となります。この例では $(4-1)\times(4-1)=9$ となります。したがって、自由度 $(k-1)(l-1)$ のカイ2乗分布の上側5％点を c と置きますと、$T > c$ のときに帰無仮説 H_0 を棄却し、$T \leq c$ のとき H_0 を採択すればよいことがわかります。

　自由度9のカイ2乗分布の上側5％点は16.92です。これは Excelでは chisq.inv.rt(0.05,9) として求めることができます。したがって、$T = 19.45 > 16.92 = c$ が成り立ちますので、帰無仮説は棄却され、英語と統計学の成績が独立ではないことが示されます。

図表でわかる! ポイント

表1

		統計学				
		優	良	可	不可	計
英語	優	9	5	3	2	19
	良	8	14	16	4	42
	可	4	5	10	10	29
	不可	1	2	3	4	10
計		22	26	32	20	100

表1.2

		統計学				
		優	良	可	不可	計
英語	優	4.18	4.94	6.08	3.80	0.19
	良	9.24	10.92	13.44	8.40	0.42
	可	6.38	7.54	9.28	5.80	0.29
	不可	2.20	2.60	3.20	2.00	0.10
計		0.22	0.26	0.32	0.20	1

17

質的データの分析

10 hour Statistics	**17**
質的データ の分析	

▶ 04

割合の同等性の検定

　表1の分割表においては、男性と女性とでは知事候補への期待のありようが異なるのではないかという点が関心の対象となります。そのため、表1.2のように男女ごとに各カテゴリー（政策）の割合を求めます。男性は（景気対策、子育て支援、福祉・医療、治安）＝（0.4,0.2,0.3,0.1）という割合、女性は（0.3,0.4,0.2,0.1）ですから、両者は異なります。この違いが単なる誤差なのか、それとも男女で有意に異なるのかを調べます。

　　　H_0：各政策の割合は男女で等しい　対　H_1：等しくない

　検定の作り方は前節のそれと同様であり、割合が男女で等しいとしたときの期待度数を求め、観測度数との違いを調べます。割合が男女で等しいとしますと、もう男女の区別はありませんので、データを合併して割合を求めます（表1.3）。景気対策は36％となりますので、もし男女に差がなければ、景気対策を選ぶ人の数は、男性が$150 \times 0.36 = 54$人、女性が$100 \times 0.36 = 36$人であることが期待されます。このようにして期待度数を求めます（表1.4）。

　検定統計量は前節のもの（(1) 式）と同様です。

$$T = \frac{(60-54)^2}{54} + \frac{(30-42)^2}{42} + \cdots + \frac{(10-10)^2}{10} = 12.55$$

　Tの値が十分に大きく、臨界値cを超えたときに帰無仮説を棄却します。帰無仮説が正しいときのTの分布は前節同様にカイ2乗分布（自由度は$(k-1)(l-1) = (2-1) \times (4-1) = 3$）です。有意水準$\alpha$を5％としますと、臨界値は$c = 7.81$となりますので、$T = 12.55 > 7.81 = c$ですから、帰無仮説は棄却され、男女の割合は異なるという結果が得られます。

186

図表でわかる！ ポイント

表1

	景気対策	子育て支援	福祉・医療	治安	計
男性	60	30	45	15	150
女性	30	40	20	10	100

表1.2

	景気対策	子育て支援	福祉・医療	治安	計
男性	0.40	0.20	0.30	0.10	1.00
女性	0.30	0.40	0.20	0.10	1.00

表1.3

	景気対策	子育て支援	福祉・医療	治安	計
合併した度数	90	70	65	25	250
割合	0.36	0.28	0.26	0.10	1.00

表1.4（期待度数）

	景気対策	子育て支援	福祉・医療	治安	計
男性	54	42	39	15	150
女性	36	28	26	10	100

17

質的データの分析

10 hour	**17**
Statistics	

**質的データ
の分析**

▶ 05

カイ 2 乗分布

　カイ 2 乗分布は標本分散の分布として登場します。本章で扱った
独立性の検定における検定統計量の分布でもあります。

　$X_1, X_2, \cdots, X_k$ は互いに独立に同一の標準正規分布に従うとしま
す。このときその 2 乗の和 $X_1{}^2 + X_2{}^2 + \cdots + X_k{}^2$ の分布を**自由度 k
のカイ 2 乗分布**と定義します。カイ 2 乗分布のグラフは右頁の図の
とおりです。ポイントは、**負の値を取らない、左右非対称である、
峰のピークは自由度のあたりにある、自由度が大きくなると左右対
称に近づく**、などです。

　上記のとおり、カイ 2 乗分布は標本分散の分布です。正確には次
の定理のとおりです。

　**定理：$X_1, X_2, \cdots, X_n$ は正規分布 $N(\mu, \sigma^2)$ からの無作為標本で
あるとする。このとき標本分散を s^2 と置くと、**

$$\frac{(n-1)s^2}{\sigma^2} = \frac{1}{\sigma^2}\left\{(X_1 - M)^2 + (X_2 - M)^2 + \cdots + (X_n - M)^2\right\}$$

は自由度 $n-1$ のカイ 2 乗分布に従う。その平均は自由度に等しい。

　上の定理を使うと、

$$E\left\{\frac{(n-1)s^2}{\sigma^2}\right\} = \frac{n-1}{\sigma^2}E(s^2) = n-1 \quad \text{よって} \quad E(s^2) = \sigma^2$$

が得られ、標本分散が母分散の不偏推定量であるとわかります。

　また、本章 3 節と 4 節の検定統計量 T はデータ数が大きくなるに
つれて自由度 $(k-1)(l-1)$ のカイ 2 乗分布にいくらでも近づく（収
束する）ことが知られています。そのため、データ数が十分に大き
いときは、これらの検定の臨界値をカイ 2 乗分布から求めることが
正当化されます。

図表でわかる! ポイント

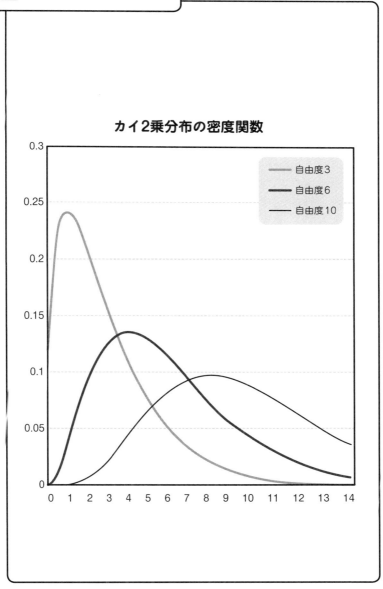

カイ2乗分布の密度関数

10 hour	18
Statistics	
回帰分析	

▶ 01

回帰モデル

　本節では6章4節で学んだ回帰分析を確率統計の枠組みで整理します。それにより、検定や区間推定、予測などができるようになります。6章4節同様に消費支出 y を可処分所得 x の1次関数で説明するモデルを考察します。第 i 時点の値を (x_i, y_i) で表します。このデータは**回帰モデル**、

$$y_i = \alpha + \beta x_i + \varepsilon_i \quad (i=1, 2, \cdots, n) \cdots\cdots (1)$$

によって発生しているとします（$n=15$）。ここで、x_i を**説明変数**、y_i を**被説明変数**、ε_i を**誤差項**、α と β を**回帰係数**と言います。また、**誤差項は観測不能、回帰係数は未知**と仮定されます。したがって私たちは直線 $y = \alpha + \beta x$ を直接観測することはできませんし、誤差項から逆算することもできません。観測できるのは、n 個のデータ (x_i, y_i) のみです。データが直線 $y = \alpha + \beta x$ からどれほど乖離するかを決めているのは誤差項 ε_i です。回帰分析では多くの場合、次の仮定を置きます。

　$\varepsilon_1, \cdots, \varepsilon_n$ は互いに独立に同一の正規分布 $N(0, \sigma^2)$ に従う

また、**説明変数 x_i は確率変数ではない**（y_i よりも先に定まる）とします。

　このモデルにおける第一の関心は、未知の直線 $y = \alpha + \beta x$ の推定です。1つの自然な推定法は、6章4節で学んだ最小2乗法による回帰直線 $y = a + bx$ を用いるというものです。a と b は α と β の**最小2乗推定量**と呼ばれます。証明は省略しますが、上記の仮定の下で**最小2乗推定量は α と β の不偏推定量**であり、また最尤推定量でもあります。このことを根拠に推定にはもっぱら最小2乗推定量が用いられます。

190

図表でわかる！ポイント

表

年	消費支出 (兆円)	可処分所得 (兆円)	金融資産 (兆円)
1980	171	209	306
1981	175	213	327
1982	183	218	357
1983	188	223	412
1984	193	229	448
1985	199	237	479
1986	207	245	523
1987	216	251	569
1988	228	262	621
1989	238	271	665
1990	248	280	704
1991	254	292	721
1992	257	296	720
1993	262	301	740
1994	265	306	768

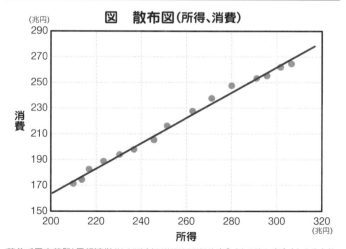

図　散布図（所得、消費）

蓑谷千凰彦著『計量経済学(第3版)』(東洋経済新報社) 表2-1(p20)と表4-1(p94)より。
但し、千億円以下の桁は四捨五入した

18　回帰分析

10 hour	18
Statistics	
回帰分析	

▶ 02

回帰モデルの
推定と検定

　Excel の「分析ツール・回帰分析」を用いて、前節のデータに回帰モデル（1）を適用した結果が右頁の表です。この表の読み方を順次学んでいきましょう。まず、最小2乗推定量の値は③の**係数**の欄に出力されています。これより、回帰係数 α, β はそれぞれ-32.4, 0.98と推定され、

$$y = -32.4 + 0.98x$$

なる**回帰直線（推定回帰式）**が得られます。可処分所得が1兆円増えると、平均的に消費支出は9800億円増加することがわかります。また、回帰係数の信頼係数95％の信頼区間は③の**下限95％と上限95％**の欄に出力されていて、たとえば β の信頼区間は$0.940 \leqq \beta \leqq 1.027$です。Excel では信頼係数を自分で選択することができます。

　誤差項 ε_i の分布は $N(0, \sigma^2)$ と仮定されていました。そのため σ の値がわかれば、各 ε_i の2シグマ範囲がわかりますので重要です。σ の推定値は①の**標準誤差**の欄に出力されています。これによれば σ は2.56兆円と推定されます。ですから、誤差項は95.4％の確率で$0 \pm 2 \times 2.56 = \pm 5.12$（兆円）の範囲であると概算できます。$\sigma^2$ の推定値は $(2.56)^2 = 6.5536$ですが、これは②の**残差分散**の欄に6.56と出力されています。

　また、$H_0: \beta = 0$という帰無仮説の検定は非常に重要です。なぜなら、もし $\beta = 0$が正しいならば、回帰モデルは $y_i = \alpha + \varepsilon_i$ となって x_i に無関係となり、「y を x で説明する」というモデル本来の意図と相容れない結果になるからです。対立仮説を $H_1: \beta \neq 0$とすれば、③の**t の欄**の値（これを**t 値**と言います）の絶対値が自由度 $n-2$ の t 分布の両側5％点を越えたときに帰無仮説が棄却されます。

192

図表でわかる! ポイント

①概要	
回帰統計	
重相関 R	0.997
重決定 R²	0.995
補正 R²	0.994
標準誤差	2.56
観測数	15

②分散分析表	自由度	変動	分散	観測された分散比	有意 F
回帰	1	15557.7	15557.7	2372.165	4.21E-16
残差	13	85.3	6.56		
合計	14	15642.9			

③	係数	標準誤差	t	P－値	下限95%	上限95%
切片	-32.4	5.2	-6.228	3.08E-05	-43.64	-21.16
可処分所得	0.98	0.020	48.705	4.21E-16	0.940	1.027

今の場合は、t値は48.705、両側5%点は2.160であるため、帰無仮説は棄却され、所得という変数は消費を説明していることがわかる

18

回帰分析

10 hour	▶ 03
Statistics **18**	
回帰分析	**重回帰モデル**

　回帰分析（18章1節）をする際、説明変数が1つだけで済むこと
は稀です。多くの場合、複数の説明変数の情報を用いて y の変動を
記述します。たとえば、説明変数が k 個の回帰モデルは、

$$y_i = \alpha + \beta_1 x_{1i} + \beta_2 x_{2i} + \cdots + \beta_k x_{ki} + \varepsilon_i \quad (i = 1, 2, \cdots, n)$$

のように記述されます。これを**重回帰モデル**と言います（対して、
説明変数が1つのモデルを**単回帰モデル**と言います）。重回帰モデ
ルの分析もかなりの部分を前節の説明のとおりに行うことができま
す。私たちの議論の範囲では、異なるのは t 検定の**自由度が $n-k$
-1 となる**点のみです。

　右頁の出力は、説明変数を可処分所得 x_1、金融資産 x_2 とした重回
帰モデルの計算結果です。③の係数の欄を読んで、

$$y = 13.36 + 0.649 x_1 + 0.0711 x_2$$

なる推定回帰式が得られます。可処分所得が一定の状態で金融資産
のみが1兆円増えると平均的には711億円消費支出が増加すること
などがわかります。各回帰係数の信頼区間や t 検定も同様に行うこと
ができます。

　推定回帰式の説明変数に様々な値を代入すると、それに対応する
理論上の y の値が得られます。特に実際の説明変数の値を代入した
ものを**予測値（当てはめ値、理論値）**と言います。右頁の図は、前
節の単回帰モデルと本節の重回帰モデルの予測値、実際の消費 y の
値の3つを折れ線表示したものです。これを見ますと、単回帰モデ
ルも重回帰モデルも実際の値に近く、当てはまりは大変良いと言え
ます。

図表でわかる！ ポイント

①概要

回帰統計	
重相関 R	0.999
重決定 R^2	0.998
補正 R^2	0.997
標準誤差	1.69
観測数	15

②分散分析表

	自由度	変動	分散	観測された分散比	有意 F
回帰	2	15608.6	7804.3	2729.990	1.11E-16
残差	12	34.3	2.86		
合計	14	15642.9			

③

	係数	標準誤差	t	P−値	下限 95%	上限 95%
切片	13.36	11.37	1.175	0.262894	-11.42	38.13
可処分所得	0.649	0.080	8.088	3.36E-06	0.474	0.824
金融資産	0.0711	0.0169	4.222	0.001185	0.0344	0.1079

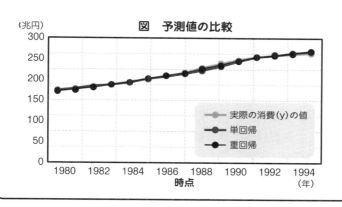

図　予測値の比較

決定係数

10 hour	18
Statistics	
回帰分析	

▶ 04

　前節の後半では予測値と実際の y の値をグラフで比較して当てはまりの比較を行いましたが、やはり数値による当てはまりの指標があると便利でしょう。それが**決定係数**です。記号を簡単にするため単回帰モデルで説明します。

　実際の y の値と予測値の差を**残差**と言います。残差が小さいほど（y の値と予測値が近いほど）当てはまりが良いと言えます。式で書きますと次のとおりです。α と β の最小2乗推定量を a と b としますと、予測値は $p_i = a + bx_i$ と表せます。残差は $e_i = y_i - p_i$ となります。これを変形すれば、

$$y_i = p_i + e_i$$

となり、y の値が予測値と残差に分解されます。両辺から y の平均 M を引き、両辺2乗して和を取ると、

$$[(y_i - M)^2 の和] = [(p_i - M)^2 の和] + [e_i^2 の和]$$

となることが示されます。これを A ＝ B ＋ C と書きますと、これらはすべてゼロ以上の値です。B と A が近いほど当てはまりが良いと言えますから、B/A を当てはまりの指標とすることが考えられます。これを**決定係数**と言い、R^2 という記号で表します。決定係数は $0 \leqq R^2 \leqq 1$ を満たし、1 に近いほど当てはまりが良いと言えます。$R^2 = 1$ は C ＝ 0 と同じですから、残差がゼロ、すなわち完全な直線をなすことと同値です。A を**総変動**、B を**回帰変動**、C を**残差変動**と呼びます。**決定係数は総変動に占める回帰変動の割合**です。y の値のばらつき（総変動）の何％が回帰によって説明できるかを表しています。

図表でわかる！ポイント

①概要	
回帰統計	
重相関 R	0.997
重決定 R^2	0.995
補正 R^2	0.994
標準誤差	2.56
観測数	15

②分散分析表					
	自由度	変動	分散	観測された分散比	有意 F
回帰	1	15557.7	15557.7	2372.165	4.21E-16
残差	13	85.3	6.56		
合計	14	15642.9			

③						
	係数	標準誤差	t	P－値	下限95%	上限95%
切片	-32.4	5.2	-6.228	3.08E-05	-43.64	-21.16
可処分所得	0.98	0.020	48.705	4.21E-16	0.940	1.027

決定係数は①の重決定R^2の欄に出力される。$R^2=$0.995であるから、消費支出の変動の99.5%が可処分所得の変動で説明できることになる。また、A、B、Cの値は②の回帰変動、残差変動、合計変動の欄にあり、それぞれA＝15642.9、B＝15557.7、C＝85.3である

18

回帰分析

▶ 05
ダミー変数

10 hour	**18**
Statistics	
回帰分析	

　右頁の図1はある病院で生まれた出生児の出生時体重 $y(g)$ と妊娠期間 $x(週)$ の散布図を描いたものです。妊娠期間が長くなると出生時体重が増える傾向にあることがわかります。また、男児のほうが女児よりも体重が大きい傾向がうかがえます。そこで、男女の間に出生時体重に差があるか否かについて調べたいとします。

　体重を妊娠期間の1次関数で表し、切片が男女で異なる（男子が α、女子が α^*）というモデルを考えます：

　　男児：$y_i = \alpha + \beta x_i + \varepsilon_i$　　　女児：$y_i = \alpha^* + \beta x_i + \varepsilon_i$

このモデルは、次のように0と1のみからなる変数（**ダミー変数**と言います）、

$$D_i = \begin{cases} 1 & （男児） \\ 0 & （女児） \end{cases}$$

を用いることにより、1つの重回帰モデルで表すことができます：

　　$y_i = \alpha^* + \beta x_i + (\alpha - \alpha^*) D_i + \varepsilon_i$

　このモデルを Excel の分析ツールで推定しますと、α^* と β の推定値はそれぞれ -1773.3 と 120.9 となりますので、女児の回帰式は $y = -1773.3 + 120.9x$ と推定されます。また、$\alpha - \alpha^*$ の推定値は 163.0 となりますので、$\alpha = 163.0 - 1773.3 = -1610.3$ と推定され、男児の回帰式 $y = -1610.3 + 120.9x$ が得られます。

　また、ダミー変数（性別）の係数がゼロであるか正であるかの t 検定は、男女の出生時体重に有意な差があるか否か、つまり、H_0：$\alpha = \alpha^*$ 対 H_1：$\alpha > \alpha^*$ の検定に等しいため重要です。t 値は 2.239 となります。臨界値は自由度 $24 - 3 = 21$ の t 分布の上側5％点 1.72 ですから、帰無仮説は棄却され、男女間に差があることがわかります。

図表でわかる！ポイント

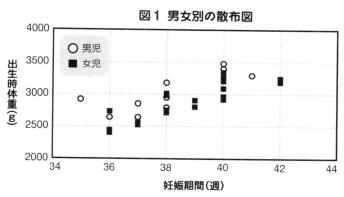

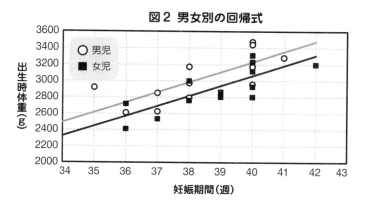

表											
出生時体重(g)	2968	2795	3163	2925	2625	2847	3292	3473	2628	3176	3421	2975
妊娠期間(週)	40	38	40	35	36	37	41	40	37	38	40	38
性別ダミー	1	1	1	1	1	1	1	1	1	1	1	1
3317	2729	2935	2754	3210	2817	3126	2539	2412	2991	2875	3231	g
40	36	40	38	42	39	40	37	36	38	39	40	週
0	0	0	0	0	0	0	0	0	0	0	0	男児=1 女児=1

Annette J. Dobson著(田中豊、森川敏彦、山中竹春、冨田誠訳)
『一般化線形モデル入門(原著 第2版)』(共立出版)表2-3 (p26)より

18 回帰分析

$$\frac{\text{10 hour}}{\text{Statistics}}\mathbf{19}$$
時系列解析

▶ 01
分散と共分散

　本章では株価や為替などのように時間に沿って観測されるデータ、すなわち**時系列データ**の扱いを学びます。時系列データの多くは、何か特別な出来事があればその影響がしばらく残るというように、異なる時点の観測値の間に相関が存在するという特徴があります。したがって、本節ではまず確率変数の相関を定義し、後節の議論に備えます。

　2つの変量の間の相関の指標として私たちは共分散（6章1節）と相関係数（6章2節、3節）をすでに学んでいます。本節ではこれらの概念を確率変数へと拡張します。確率変数 X と Y があり、その平均をそれぞれ $E(X) = \mu_X$ と $E(Y) = \mu_Y$ で表します。また、X と Y の**共分散**を、

$$C(X,Y) = E\{(X-\mu_X)(Y-\mu_Y)\}$$

で定義します。$C(X,Y) > 0$ のとき X と Y は**正の相関**、$C(X,Y) < 0$ のときは**負の相関**を持つと言い、$C(X,Y) = 0$ のときは**無相関**であると言います。また、X と Y が**独立ならば、それらは無相関となります**（20章1節）。

　9章5節で登場した X の分散 $V(X)$ は共分散の特殊ケースです。実際、

$$V(X) = E\{(X-\mu_X)^2\}$$

と書けますので、$V(X) = C(X, X)$ であることがわかります。

　X と Y の分散をそれぞれ $V(X) = \sigma_X^2$ と $V(Y) = \sigma_Y^2$ と置きます。X と Y の**相関係数**を次式で定義します。

$$r(X,Y) = \frac{C(X,Y)}{\sigma_X \sigma_Y} = E\left\{\left(\frac{X-\mu_X}{\sigma_X}\right)\left(\frac{Y-\mu_Y}{\sigma_Y}\right)\right\}$$

図表でわかる！ポイント

共分散は、

$$C(X,Y) = E(XY) - \mu_X \mu_Y$$

とも書けます。なぜなら、共分散の定義から出発して、

$$\begin{aligned}
C(X,Y) &= E\{(X-\mu_X)(Y-\mu_Y)\} = E(X_Y - \mu_X Y - \mu_Y X + \mu_X \mu_Y)\text{（括弧をほどいた）} \\
&= E(XY) - \mu_X E(Y) - \mu_Y E(X) + \mu_X \mu_Y \text{（12章4節の(1)式を使った）} \\
&= E(XY) - \mu_X \mu_Y - \mu_Y \mu_X + \mu_X \mu_Y \text{（}E(X)=\mu_X, E(Y)=\mu_Y\text{であるから）} \\
&= E(XY) - \mu_X \mu_Y \text{（整理した）}
\end{aligned}$$

とできるからです。次のように書くこともできるのは明らかでしょう。

$$C(X,Y) = E(XY) - E(X)E(Y)$$

また、相関係数の定義式の分母を払うと、

$$C(X,Y) = \sigma_X \sigma_Y r(X,Y) = \sqrt{V(X)V(Y)}\, r(X,Y)$$

も得られます。この式は20章2節で用います

相関係数の読み方や性質はデータの相関係数と同じである。相関係数は $-1 \leq r(X,Y) \leq 1$ を満たし、±1に近いほど相関が強い。実際、±1に等しいときXとYの間に完全な直線的関係が成り立つ

定常性

10 hour
Statistics **19**
時系列解析

▶ 02

　右頁の3つの時系列は一定の値の周りを一定のばらつきで変動していて、どの時期に注目しても同じような動きをしているように見えます。この性質を**定常性**と言います。

　より正確には次のとおりです。tを時点とし、X_tをt時点における測定値とします。これを時点順に並べたものを**時系列**あるいは**確率過程**と言い、$\{X_t\}$と書きます。$\{X_t\}$が**定常**であるとは、

　（a）平均が時点を通して一定である：$E(X_t) = \mu$

　（b）分散が時点を通して一定である：$V(X_t) = \sigma^2$

　（c）異なる時点間の共分散 $C(X_t, X_s)$ は時点差 $|t - s|$ のみで定まる

の3つが成り立つことと定義されます。

　特に、$E(X_t) = 0$（平均がゼロ）、$V(X_t) = \sigma^2$（分散一定）であって、異なる時点は無相関（つまり $t \neq s$ ならば $C(X_t, X_s) = 0$ ）な時系列 $\{X_t\}$ を**ホワイトノイズ**と言い、これは定常な時系列です。また、時系列 $\{X_t\}$ の各 X_t が互いに独立に同一の分布に従うとき、$\{X_t\}$ を **iid 系列** と 言 い ま す（iid は independently and identically distributed の略）。各 X_t は同じ分布に従いますので、定常性の条件（a）と（b）が満たされます。また、前節で述べたとおり、**独立ならば無相関**ですから、異なる時点の共分散はゼロとなり、条件（c）も満たされます。よって iid 系列も定常な時系列です。

　金融工学の分野でよく知られたブラック・ショールズの公式は株価の確率過程として幾何ブラウン運動を仮定していますが、その仮定の下では株価収益率は互いに独立に同一の正規分布に従う iid 系列となります。

図表でわかる！ポイント

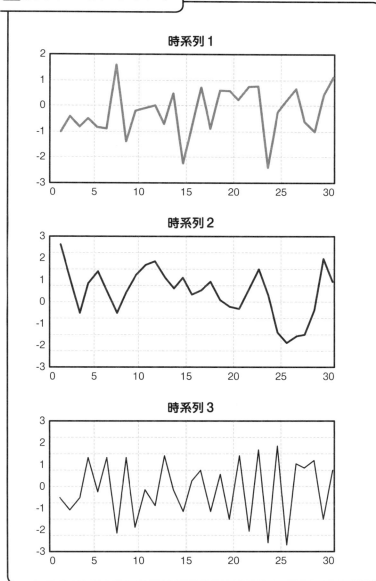

▶ 03

10 hour	**19**
Statistics	
時系列解析	

ＡＲモデル

　図1の時系列2と図2の時系列3には「1時点前の値と似た値が出る」、「1時点前の値と逆の動きをする」という特徴があります。いずれも各時点の値が1時点前の値の影響を受けているという点では共通です。

　時系列 $\{X_t\}$ が **AR モデル**をなすとは、X_t が、

$$X_t = \mu + \phi\, X_{t-1} + \varepsilon_t, \quad -1 < \phi < 1$$

を満たすことです。ここで $\{\varepsilon_t\}$ はホワイトノイズです。つまり X_t は、定数 μ と1時点前の値 X_{t-1} の影響を ϕ だけ受けたものの和に、t 時点で発生するノイズ ε_t が加わったものとして定式化されます。AR は**自己回帰（auto-regressive）** の略です。その名のとおり、定義式は X_t を1時点前の自分自身 X_{t-1} によって説明する回帰モデルとも見ることができます。係数の ϕ は1時点前の値 X_{t-1} が X_t にどのように伝わるかを表しています。ϕ が正のときは時系列2のように同じ符号がしばらく続くような変動を示し、負の場合は時系列3のように頻繁に符号が入れ替わるような変動となります。$-1 < \phi < 1$ のときは AR モデルは定常であり、計算は省略しますが、平均は $\mu\,/\,(1-\phi)$、分散は $\sigma^2/\,(1-\phi^2)$、相関係数は、

$$r(X_t, X_{t+h}) = \phi^{|h|}$$

となります（ここで σ^2 はホワイトノイズ ε_t の分散）。異時点間の相関係数が時点差 $|h|$ が大きくなるに従って幾何数列的に減衰していく、つまり過去に遡るに従ってその影響が少なくなっていくのが AR モデルの特徴です。1時点前だけでなく、より過去の時点の値を含めることもできます。それを**次数**と言います。以後、次数を明示して AR(1) モデルと呼びます。

図表でわかる！ ポイント

図1 時系列2

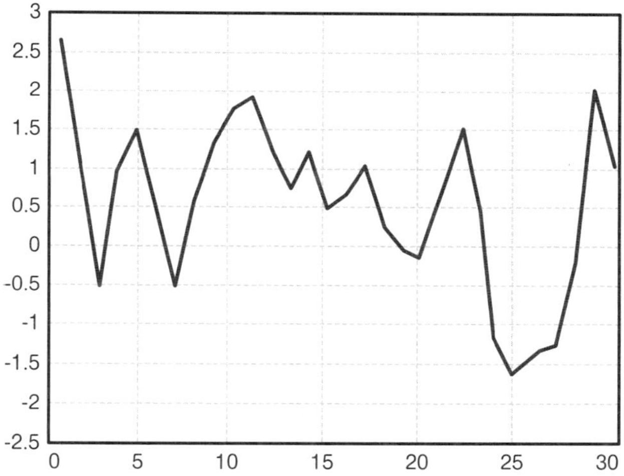

図2 時系列3

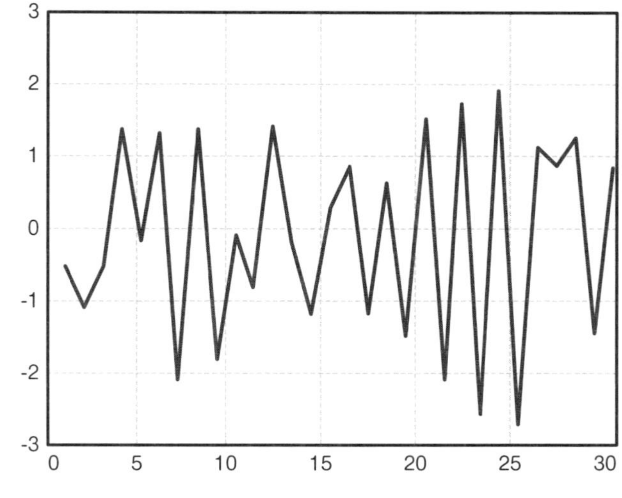

19

時系列解析

10 hour
Statistics 19
時系列解析

▶ 04
ARMAモデル

　話を簡単にするため、$\mu = 0$の AR(1) モデルを考えます。X_{t-1}の時点を1つずらすことにより、

$$X_t = \phi X_{t-1} + \varepsilon_t = \phi(\phi X_{t-2} + \varepsilon_{t-1}) + \varepsilon_t = \varepsilon_t + \phi \varepsilon_{t-1} + \phi^2 X_{t-2}$$

が得られます。これを m 回繰り返せば、

$$X_t = \varepsilon_t + \phi \varepsilon_{t-1} + \cdots + \phi^m \varepsilon_{t-m} + \phi^{m+1} X_{t-m-1}$$

となります。ここで m をどんどん大きくしますと、$|\phi| < 1$ですから、ϕ^{m+1}は 0 に収束します。したがって、$\phi^{m+1} X_{t-m-1}$の項は消えて、

$$X_t = \varepsilon_t + \phi \varepsilon_{t-1} + \phi^2 \varepsilon_{t-2} + \phi^3 \varepsilon_{t-3} + \cdots$$

となります。この式は、X_t が過去のホワイトノイズの無限和の形で表現できることを表しています。過去の影響は幾何数列的に減少しています。これを AR(1) モデルの**移動平均表現**と言います。

　$\{X_t\}$ が **MA(1) モデル**をなすとは、X_t が、

$$X_t = \varepsilon_t - \theta_1 \varepsilon_{t-1}$$

と書けることと定義します。ここで $\{\varepsilon_t\}$ はホワイトノイズとします。MA は移動平均（moving average）の略です。MA(1) モデルは常に定常で、2時点以上離れたもの同士は無相関になるという特徴があります。次数2以上の MA モデルも同様に定義できます。

　AR(p)モデルと MA(q)モデルを合わせた **ARMA(p,q) モデル**、

$$X_t = \phi_1 X_{t-1} + \phi_2 X_{t-2} \cdots + \phi_p X_{t-p} + \varepsilon_t - \theta_1 \varepsilon_{t-1} - \cdots - \theta_q \varepsilon_{t-q}$$

は様々な時系列的変動を表現でき、広く応用されています。季節性やトレンドを持った時系列のモデリングには、階差を取ったものに対して ARMA モデルを当てはめることがあります。これを**自己回帰和分移動平均（ARIMA）モデル**と言います。I は integrated の略で和分と訳されています。

206

図表でわかる！ポイント

AR(p)モデル

過去の影響

$$X_t = \mu + \phi_1 X_{t-1} + \phi_2 X_{t-2} + \cdots + \phi_p X_{t-p} + \varepsilon_t$$

今期の株価
1期前の値
2期前の値
p期前の値

今期のホワイトノイズ（事件、政策など）

これは今期の株価は1期からp期前までの株価の影響を受けている、ということを表した式です

19 時系列解析

$$\frac{\text{10 hour}}{\text{Statistics}} \mathbf{19}$$

時系列解析

▶ 05
ＡＲＣＨモデル

　株価収益率はばらつきが大きくなるとしばらくその状態が続き、小さくなるとその状態が続くという現象（ボラティリティ・クラスタリング）が見られます。これを表現するモデルとしては、分散が過去の値に依存することを許す**ARCH（自己回帰条件付き不均一分散）モデル**が定番です。ここでは最も簡単な ARCH(1) モデルを説明します。

　時系列 $\{X_t\}$ が **ARCH(1) モデル**をなすとは、次式が成り立つことを言います：

$$X_t = \sigma_t Z_t, \quad \sigma_t^2 = \alpha + \beta X_{t-1}^2, \quad \alpha > 0, \quad \beta \geqq 0$$

ここで、Z_t は互いに独立に同一の正規分布 $N(0,1)$ に従うとします。Z_t は $t-1$ 時点以前の $X_{t-1}, X_{t-2}, \cdots$ と独立とします。

　さて、Z_t は $N(0,1)$ に従うので、11章5節で学んだ公式より、$X_t = \sigma_t Z_t$ の分布は $N(0, \sigma_t^2)$ となります（正確には X_{t-1} を与えたときの条件付き分布ですが、ここでは問題にしません）。この分布の分散は $\sigma_t^2 = \alpha + \beta X_{t-1}^2$ となって、1時点前の値 X_{t-1} に依存します。つまり1時点前の X_{t-1} が大きな値だったときは t 時点 X_t の分散も大きく、逆に X_{t-1} が 0 に近い値であったなら X_t の分散も小さくなり、変動の小ささが継続する。これによりボラティリティ・クラスタリングに近い動きが表現されます。

　このモデルにおいて $\beta = 0$ であれば、分散 σ_t^2 が過去の X_{t-1} に依存せず一定値（$\sigma_t^2 = \alpha$）となります。この場合はばらつきの変動はありません。また、ARCH モデルの σ_t^2 をより過去にさかのぼって表現することもあります。$\sigma_t^2 = \alpha + \beta_1 X_{t-1}^2 + \cdots + \beta_p X_{t-p}^2$ としたものを **ARCH(p) モデル**と言います。

図表でわかる！ポイント

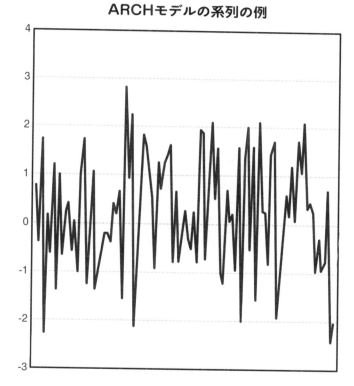

ARCHモデルの系列の例

ARCHはAuto-Regressive Conditional Heteroscedasticityの略である

10 hour	
Statistics	**20**
補足	

▶ 01

無相関と独立の
関係について

　12章1節で2つの確率変数 X と Y の値の出方が無関係であることの表現として**独立性**を学びました。一方で、私たちは**無相関**という概念も知っています。両者は2つの確率変数の関係のなさを表している点では似ていますが、独立性のほうが無相関よりも強い条件です。つまり、「X と Y が**独立ならば無相関**」ですが、その逆は成り立ちません。

　X と Y が**独立であるとは**、X と Y の取り得る値のすべての組み合わせについて、$P(X=x, Y=y)=P(X=x)P(Y=y)$ が成り立つことでした。この定義から、X と Y が独立のとき、

　　　$E(XY)=E(X)E(Y)$ （積の期待値は期待値の積に等しい）　　(1)

という公式を導くことができます。なぜなら（ここから先は興味のある方のみで結構です）、期待値は「"取り得る値×確率"をすべて足したもの」ですから、左辺の $E(XY)$ は期待値の定義より、「$xyP(X=x, Y=y)$ の総和」です。独立なので $P(X=x, Y=y)$ を $P(X=x)P(Y=y)$ で置き換えると、これは「$xyP(X=x)P(Y=y)$ の総和」となります。x と y が分離していますので、

　　　$[xyP(X=x)P(Y=y)$ の総和$]$

　　　　　　　$=[xP(X=x)$ の総和$]\times[yP(Y=y)$ の総和$]$

が成り立ちます。右辺の $[xP(X=x)$ の総和$]$ とは $E(X)$ のことですし、$[yP(Y=y)$ の総和$]$ とは $E(Y)$ のことです。よって (1) 式が示されました。他方、**無相関とは共分散がゼロのことです**。19章1節の右頁に示したとおり、共分散は $C(X, Y)=E(XY)-E(X)E(Y)$ とも書けます。ここで、(1) 式を見れば、独立ならば上式の右辺が0となることがわかります。よって独立ならば無相関です。

図表でわかる！ポイント

無相関だが独立とはならない例

確率変数XとYが、無相関だが独立とはならないような例を挙げます。

$$(X,Y)=(-1, 0), (1,0), (0,-1), (0,1)$$

となる確率がそれぞれ 1/4 の確率であるような分布がそれです。
まず無相関であることを確かめます。つまり、共分散がゼロとなることを示します。まずXだけに注目し、取り得る値と確率を調べてください。すると、

x	−1	0	1
P(X=x)	1/4	1/2	1/4

であることがわかります。ですから、

$$E(X)=(-1)\times(1/4)+0\times(1/2)+1\times(1/4)=0$$

同じく、Yの分布は、

y	−1	0	1
P(Y=y)	1/4	1/2	1/4

ですから、

$$E(Y)=(-1)\times(1/4)+0\times(1/2)+1\times(1/4)=0$$

また、XYは常に 0 となりますから、E(XY)=0 となります。
したがって、19章1節の公式を使って、

$$C(X,Y)=E(XY)-E(X)E(Y)=0$$

となり、XとYは無相関になります。
一方、XとYが独立ならば、

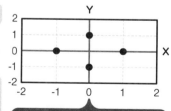

(X,Y)が値を取るのは4点

P(X=−1, Y=0)=P(X=−1) P(Y=0)
P(X=1, Y=0)=P(X=1) P(Y=0)
P(X=0, Y=−1)=P(X=0) P(Y=−1)
P(X=0, Y=1)=P(X=0) P(Y=1)

> 無相関の散布図に似ていますね。また、X=1のときはYは必ず0になるので独立ではありません

がすべて成り立たねばなりません。しかし、P(X=−1, Y=0)=1/4、P(X=−1)P(Y=0)=(1/4)×(1/2)=1/8ですので、P(X=−1, Y=0)≠P(X=−1) P(Y=0)です。つまり独立ではありません

<table>
<tr><td>10 hour
Statistics
補足</td><td>20</td><td>▶ 02</td></tr>
</table>

確率変数の和の平均と分散について

　次に、確率変数 X と Y の和 $X+Y$ の性質を解説します。X と Y をそれぞれ所有する株の株価としますと、$X+Y$ の平均と分散はポートフォリオの平均と分散に対応します。

　まず、期待値の定義から、

$$E(X+Y) = E(X)+E(Y) \quad （和の期待値は期待値の和）$$

が成り立つことはすぐに確かめられます。これは X と Y が独立であってもなくても成り立ちます。確率変数が3つ以上の場合も同様です。以下、19章1節の知識を使います。

　一方、分散はやや複雑で、

$$V(X+Y) = V(X)+V(Y)+2\times C(X,Y)$$

となります。たとえば、X と Y を株価とし、$E(X)=100$円、$E(Y)=200$円、$V(X)=25$、$V(Y)=121$ としますと、上の2式より、$E(X+Y)=300$円と $V(X+Y)=146+2\times C(X,Y)$ となります。一般にポートフォリオは、分散が小さいほうが安全ですので、負の相関つまり $C(X,Y)<0$ のほうが安全であることがわかります。たとえば、X と Y の相関係数 $r(X,Y)=-0.6$ であれば、

$$C(X,Y)=\sqrt{V(X)V(Y)}\times r(X,Y)=5\times 11\times(-0.6)=-33$$

となりますので、$V(X+Y)=146-2\times 33=80$ となります。

　また、X と Y が独立のときは、共分散がゼロとなりますので、

$$V(X+Y) = V(X)+V(Y) \quad （和の分散は分散の和）$$

が成り立ちます。この式を繰り返し使うことにより、独立な確率変数が3つ以上あるときも、和の分散が分散の和に等しいこと、すなわち、次式がわかります。

$$V(X_1+\cdots+X_n) = V(X_1)+\cdots+V(X_n)$$

図表でわかる! ポイント

確率変数の和の分散

X社の株を1株持っているとし、その翌日の株価をX(円)で表します。Xは確率変数で、

平均 E(X)	100
分散 V(X)	25
標準偏差 $\sqrt{V(X)}$	5

とします。P、Q、R、S社の4社があり、それらの翌日の株価をP、Q、R、S(円)とします。今日、いずれか1社の株を1株購入することを考えます。P社の株を購入すれば、翌日の自分の資産額は X+P(円)となります。

翌日の資産額の平均と分散は、

$$(a)E(X+P)=E(X)+E(P)=100+E(P)$$
$$(b)V(X+P)=V(X)+V(P)+2×C(X,P)=25+V(P)+2×C(X,P)$$

です。平均が大きく(ハイリターン)、分散が小さい(ローリスク)なものが望ましいです。

各社の平均と分散、Xと各社の相関係数は次のとおりとします。

	P	Q	R	S
平均	150	80	150	80
分散	49	36	49	36
標準偏差	7	6	7	6
Xと各社の相関係数	0.8	0.4	-0.8	-0.4

本文にあるとおり、XとPの共分散は C(X,P)=[Xの標準偏差]×[Pの標準偏差]×[XとPの相関係数] ですから、C(X, P)=28となります。同様に計算しますと、次の表のとおりです。

C(X, P)	C(X, Q)	C(X,R)	C(X,S)
28	12	-28	-12

この結果を (a)(b)に代入すれば、各組み合わせの平均と分散が得られます。

	X+P	X+Q	X+R	X+S
平均	250	180	250	180
分散	130	85	18	37

これより、上記の4つの組み合わせの中では、X社とR社の株を持つことが一番良いことがわかります。

20

補足

10 hour
Statistics
20
補足

▶ 03

格差の計測：
ローレンツ曲線

　本節と次節では所得分配の不平等の程度をグラフによって表現するローレンツ曲線と数値的指標であるジニ係数を紹介します。

　10万円を４つの世帯で分配する場合、１世帯が５万、１世帯が３万、残る２世帯が１万ずつという分配の仕方を分配Ａと名付け、受取額を低いほうから順に並べて、Ａ＝(1,1,3,5) と書くことにします。最も不平等な分配と平等な分配がそれぞれＵ＝(0,0,0,10) とＥ＝(2.5, 2.5, 2.5, 2.5) なのは明らかでしょう。ＡはＥより不平等ですが、Ｕよりは平等です。

　ではＢ＝(0,3,3,4)、Ｃ＝(2,2,3,3) との関係はどうでしょうか。分配の不平等さを比較する１つの方法は、**下位ｋ世帯の総額を比較し、すべてのｋ(＝1,2,3,4) について小さい（かまたは等しい）ほうの分配をより不平等とする**ものです。ＢとＣを比較しますと、右頁の表１のとおりですので、Ｂのほうが不平等と言えます。これをＢ≧Ｃと書きます。同様に計算して、Ｃ≦Ａであることもわかります。

　分配をグラフで表現したものが**ローレンツ曲線**です。分配は右頁の表２のように表しても情報は変わりません。ローレンツ曲線は表２の累積世帯比率と累積収入比率の組を折れ線グラフで表示したものです。したがって、ローレンツ曲線と分配の持つ情報も等価ですから、曲線を比較することによっても不平等さを比較することができます。平等な分配Ｅに対応するグラフは世帯数の増え方と累積収入の増え方が同じですから45度線になります。これを**完全平等線**と言います。また、最も不平等な分配Ｕは図の**最も下方**に位置します。すべての分配は両者の間に位置し、**下方にあるほど不平等の程度が高いと解釈されます**。

214

図表でわかる！ポイント

ローレンツ曲線

表1

下位 k 世帯	1	2	3	4	
分配B	0	3	6	10	Bのほうが小さい
分配C	2	4	7	10	

下位 k 世帯	1	2	3	4	
分配A	1	2	5	10	Aのほうが小さい
分配C	2	4	7	10	

表2

分配 A

累積世帯数	1	2	3	4
累積世帯比率	0.25	0.50	0.75	1.00
累積収入	1	2	5	10
累積収入比率	0.10	0.20	0.50	1.00

分配 E

累積世帯数	1	2	3	4
累積世帯比率	0.25	0.50	0.75	1.00
累積収入	2.5	5	7.5	10
累積収入比率	0.25	0.50	0.75	1.00

分配 U

累積世帯数	1	2	3	4
累積世帯比率	0.25	0.50	0.75	1.00
累積収入	0	0	0	10
累積収入比率	0.00	0.00	0.00	1.00

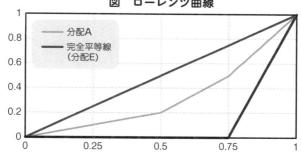

図 ローレンツ曲線

10 hour	**20**
Statistics	
補足	

▶ 04

格差の計測：
ジニ係数

　ローレンツ曲線は分配を折れ線グラフで視覚的に表現することによって、分配同士の不平等の程度を比較することを可能にします。実際、分配 X と Y があり、X のほうが Y よりも不平等であることと、X に対応するローレンツ曲線が Y のそれよりも**一様に下方にある**こととは同値となることが示されます。

　しかし、この方法では順序のつかない組み合わせもあります。たとえば A ＝(1,1,3,5) と B ＝(0,3,3,4) の間には A ≧ B も A ≦ B も成り立ちません。実際、1＞0, 1+1＜0+3, 1+1+3＜0+3+3 となって不等号の方向は不定です。同じことですが A と B のローレンツ曲線も交差していて、一方の曲線が一様に下方にあるという条件は成り立ちません。

　他方、**ジニ係数**は「完全平等線とローレンツ曲線が作る図形の面積」の 2 倍を不平等の程度の指標とするもので、下図の斜線部の面積に相当します。これを G と置きますと、四角形の全面積は 1×1＝1 ですので、**0 ≦ G ≦ 1** が成り立ちます。分配が完全に平等ならばローレンツ曲線と完全平等線は一致しますから、図形の面積は 0 となり、G ＝0 となります。他方、不平等になるほどローレンツ曲線は下方に位置しますので、図形の面積は大きくなりますから、ジニ係数は 1 に近づきます。つまり不平等になるほどジニ係数は大きいと言えます。ローレンツ曲線とは異なり、ジニ係数は実数値ですからどのような分配であっても必ず順序付けをすることができ、これは大きなメリットです。なお、A と B のジニ係数はそれぞれ 0.35、0.3 ですから、ジニ係数の意味では A のほうが不平等と言えます。

216

図表でわかる！ポイント

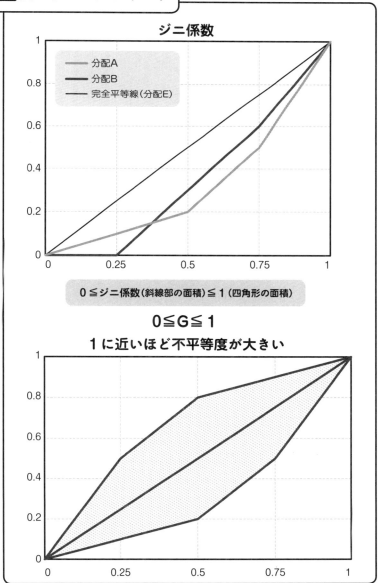

ジニ係数

0 ≦ ジニ係数（斜線部の面積）≦ 1（四角形の面積）

0≦G≦1
1に近いほど不平等度が大きい

				10 hour
Statistics				**20**
補足				▶ 05

検定の補足

　本節では、紙幅の都合で本来の場所では述べられなかった適合度検定を概説します。適合度検定は17章で述べた分割表における検定と同様のしくみです。たとえば、市長選挙に対して有権者が第一に望むこととして「景気、子育て支援、福祉医療、治安」の $k=4$ つのカテゴリーの比率が0.4, 0.2, 0.3, 0.1 で長い期間にわたって安定していたとします。ところが市の合併により市民の年齢構成が変わったため、この比率が変化した可能性があるとします。そこで帰無仮説として「比率はこれまでと同様である」を検定するため、$n=200$ 人に尋ねたところ右頁表のような結果であったとします。検定統計量は、17章4節と同様、

$$T = \frac{(観測度数 - 期待度数)^2}{期待度数} の総和$$

です。もし比率が変化していれば、観測度数と期待度数の違いが大きくなりますから、T も大きくなります。ですから T の値が大きいときに帰無仮説を棄却します。この例では、

$$T = \frac{(100-80)^2}{80} + \frac{(40-40)^2}{40} + \frac{(50-60)^2}{60} + \frac{(10-20)^2}{20} = 11.67$$

です。T は帰無仮説が正しいとき自由度 $k-1=4-1=3$ のカイ2乗分布に従います。有意水準を5%とすると、カイ2乗分布の上側5%点は7.81となりますので、帰無仮説は棄却され、比率が変わったことがわかります。

図表でわかる！ポイント

表					
	景気	子育て支援	福祉医療	治安	計
観測度数	100	40	50	10	200
期待度数	80	40	60	20	200

以上、最後の章は慌ただしく補足を述べるという展開になりました。皆さんのご出身の大学でもそうでしょうが、最終回が素晴らしい総括的解説となる講義もあれば、最後まで補足やら追加やらでせわしない講義もあります。この講義は後者のようです。
では時間となりました

おわりに

　学問の入門書のあとがきの定番の言葉と言えば、「本書を読了した後もぜひ勉強を続けてください」でしょう。

　しかし、統計学は、特に社会人の方々にとっての統計学は恐らくそのようなものではないと思います。つまり、入門を終えれば中級・上級の文献に進み、さらに知識や理解を深めていくというようなものではなく、入門書で必要なだけ知識を摂取したらいったん本を閉じて、それぞれの専門であるビジネスや仕事の現場に戻っていくものではないでしょうか。統計学の理論は平易なものではありませんので、「必要なだけ摂取する」と言えるほど自在に学ぶことはできないかもしれませんが、とにかくある程度学んだらご自身の領域に戻る。そしてそこで再び不足を感じたり、時間が取れる状況になればまた本を引っ張り出して勉強する。それが社会人の統計学の学び方でしょう。

　本文中にも書きましたが、統計学は数学の言葉で作られていますから、数学の持つ共通言語性によって、データ解析の論理は非常に一般的かつ汎用的です。そのため、皆さんの専門分野にかかわらず学び、応用することができます。また、専門家でないと手に入らないような生データがないと学べないというようなこともありません。ほとんどの技法を机の上で習得することができます。また、統計学の根本要素である、「平均」「分散」「相関」の諸概念は、時代が変化してもその有用性を失うことはないでしょう。本書で皆さんが得られた知識は十分長期にわたって役に立ち続けることと思います。

　またお時間のあるときに「講義」を聞きにいらしてください。

2017年7月

倉田博史

参考文献

　本書執筆にあたり多くの文献を参考にしました。特に、東京大学教養学部における統計学の入門講義の教科書や参考書として用いられている、

　倉田博史・星野崇宏『入門統計解析』（新世社）2009年
　東京大学教養学部統計学教室編『基礎統計学Ⅰ（統計学入門）』（東京大学出版会）1991年

には多くを依拠しています。このほかに、下記文献も参考になりました。

　刈屋武昭・勝浦正樹『統計学（第2版）』（東洋経済新報社）2008年
　佐和隆光『初等統計解析（改訂版）』（新曜社）1985年
　鈴木武・山田作太郎『数理統計学　基礎から学ぶデータ解析』（内田老鶴圃）1996年
　日本統計学会編『データの分析　日本統計学会公式認定統計検定3級対応』（東京図書）2012年
　日本統計学会・数学セミナー編集部編『統計学ガイダンス』（日本評論社）2014年
　宮川雅巳『統計技法』（共立出版）1998年
　大屋幸輔『コア・テキスト統計学』（新世社）2003年

ただし本書に含まれる誤りはすべて私の責任です。
　また、本書で用いられているデータの出所は該当箇所に示しました。なお、数値やラベルを簡略化したものもあります。出所が挙げられていないものは架空のデータです。

著者プロフィール

倉田博史（くらた・ひろし）

東京大学大学院総合文化研究科・教養学部教授。

1967年生。京都大学経済学部卒業、1996年一橋大学大学院経済学研究科理論経済学及び統計学専攻博士後期課程修了、博士（経済学）。山口大学経済学部助教授を経て、2000年東京大学大学院総合文化研究科・教養学部助教授。2012年より現職。

著書（共著）に"Generalized Least Squares"(John, Wiley & Sons)、『入門統計解析』（新世社）。